Jürgen Rasch
Angele Daalmann

Informationsverarbeitung

Aus dem Bereich Computing

Visual Basic Essentials
von Ekkehard Kaier

Visual Basic für technische Anwendungen
von Jürgen Radel

Delphi Essentials
von Ekkehard Kaier

Turbo Pascal Wegweiser für Ausbildung und Studium
von Ekkehard Kaier

Excel für Betriebswirte
von Robert Horvat, Kambiz Koochaki

Excel für Techniker und Ingenieure
von Hans-Jürgen Holland, Uwe Bernhardt

Grundkurs Wirtschaftsinformatik
von Dietmar Abts, Wilhelm Mülder

Informationsverarbeitung
von Jürgen Rasch, Angele Daalmann

Vieweg

Jürgen Rasch
Angele Daalmann

Informations-verarbeitung

Aktuelles Grundlagenwissen
für die Aus- und Weiterbildung

Die Deutsche Bibliothek – CIP-Einheitsaufnahme

Rasch, Jürgen:
Informationsverarbeitung: aktuelles Grundlagenwissen für die Aus- und Weiterbildung / Jürgen Rasch; Angele Daalmann. – Braunschweig; Wiesbaden: Vieweg, 1998
(Vieweg-Lehrbuch)
ISBN 978-3-528-05675-9 ISBN 978-3-322-83090-6 (eBook)
DOI 10.1007/978-3-322-83090-6

Alle Rechte vorbehalten
© Springer Fachmedien Wiesbaden 1998
Ursprünglich erschienen bei Friedr. Vieweg & Sohn Verlagsgesellschaft mbH, Braunschweig/Wiesbaden 1998

Das Werk einschließlich aller seiner Teile ist urheberrechtlich geschützt. Jede Verwertung in anderen als den gesetzlich zugelassenen Fällen bedarf deshalb der vorherigen schriftlichen Einwilligung des Verlages.

http://www.vieweg.de

Die Wiedergabe von Gebrauchsnamen, Handelsnamen, Warenbezeichnungen usw. in diesem Werk berechtigt auch ohne besondere Kennzeichnung nicht zu der Annahme, daß solche Namen im Sinne der Warenzeichen- und Markenschutz-Gesetzgebung als frei zu betrachten wären und daher von jedermann benutzt werden dürften.

Höchste inhaltliche und technische Qualität unserer Produkte ist unser Ziel. Bei der Produktion und Auslieferung unserer Bücher wollen wir die Umwelt schonen: Dieses Buch ist auf säurefreiem und chlorfrei gebleichtem Papier gedruckt. Die Einschweißfolie besteht aus Polyäthylen und damit aus organischen Grundstoffen, die weder bei der Herstellung noch bei der Verbrennung Schadstoffe freisetzen.

Umschlaggestaltung: Ulrike Posselt, Wiesbaden

Vorwort

Informations- und Kommunikationstechniken, z.B. in Form von Computern, haben Einzug in fast alle Berufsfelder gehalten. Dies führt zu Veränderungen von Arbeitsplätzen und Berufsbildern sowie zur Herausbildung neuer Ausbildungsberufe wie z.B. im Bereich der Informations- und Telekommunikationstechnik (IT-Berufe). Auch im privaten Bereich kommen die neuen Technologien zunehmend zum Einsatz.

Der Umgang mit Computern erfordert ein fundiertes und stets aktuelles Grundwissen der Informationsverarbeitung. Dieses Buch vermittelt fachübergreifend das erforderliche Grundwissen zur Informationsverarbeitung unter besonderer Berücksichtigung aktueller Informationstechnik.

Zielgruppe dieses Buches sind z.B. Lehrer und Schüler von Berufsschulen sowie Dozenten und Teilnehmer von Fort- und Weiterbildungseinrichtungen. Das Buch eignet sich darüber hinaus auch für interessierte Praktiker.

In diesem Buch werden die theoretischen Grundlagen der Informationsverarbeitung dargestellt. Als elementare Basis werden zunächst die zentralen Begriffe „Informationen" und „Daten" erläutert. Es folgt eine Beschreibung der wesentlichen technischen Komponenten eines Computersystems (Hardware). Anschließend wird der Themenbereich „Software" näher erläutert.

Ein Computersystem kann heute nicht mehr isoliert betrachtet werden. Aus diesem Grund werden die Themen „Datenübertragung" und „Vernetzung" immer wichtiger. Aufgrund der Ausdehnung der Verarbeitung und Verfügbarkeit von Informationen erhalten die Themen „Datenschutz" und „Datensicherheit" eine immer größere Bedeutung. Im Rahmen dieses Buches werden wesentliche Grundlagen dargestellt.

Zum Abschluß werden Bestandteile einer modernen Bürokommunikation vorgestellt. Dabei werden wesentliche Werkzeuge der Bürokommunikation sowie die Komponenten des Workgroup Computing erläutert. Die neuen Technologien ermöglichen neue Formen von Arbeitsplätzen. In diesem Zusammenhang werden verschiedene Arten der Telearbeit dargestellt.

Als roter Faden dient im Verlauf des Buches ein schematisches Grundmodell einer Datenverarbeitungseinrichtung, das Kapitel für Kapitel erweitert wird. Damit wird den Lesern ein fortwährender Überblick über die Gesamtzusammenhänge ermöglicht.

Neben dem Grundmodell werden an vielen Stellen des Buches wesentliche Inhalte mit Hilfe von Abbildungen strukturiert. Dabei werden in der Regel zunächst die Abbildungen als Übersicht dargestellt und anschließend näher erläutert.

Die praktische Bedeutung der Inhalte dieses Buches wird durch die Einflechtung von Praxisbeispielen eines fiktiven Unternehmens (ABC GmbH) verdeutlicht.

Wir bedanken uns bei Herrn Dr. Klockenbusch vom Vieweg Verlag für die Ermöglichung dieses Buchprojektes.

Weiterhin bedanken wir uns bei Frank Daalmann, Bernd Dossin und Dr. Susanne Vespermann für ihre Anregungen und Verbesserungsvorschläge.

Coesfeld im Juli 1998
Jürgen Rasch
Angele Daalmann

Inhaltsverzeichnis

1 Einführung

Die heutige Gesellschaft ist eine Informationsgesellschaft. Damit wird ausgedrückt, daß noch keiner Gesellschaft so viele Informationen zur Verfügung standen wie der heutigen. Der hohe Stellenwert von Informationen dokumentiert sich auch in der Tatsache, daß Informationen heute als ein wesentlicher Produktionsfaktor betrachtet werden.

Aufgrund der Vielfalt an Informationen ergibt sich die Notwendigkeit der Informationsverarbeitung. Dies ist ohne den Einsatz von Computern nicht mehr realisierbar.

Computer

Der Begriff „Computer" ist auf den englischen Begriff „to compute" (rechnen) zurückzuführen. Es gibt Computer unterschiedlicher Rechenleistungen und Größenordnungen:

- Personal Computer,
- Workstation,
- Mittlere Datentechnik,
- Großrechner,
- Superrechner.

In diesem Buch werden aufgrund ihres großen Verbreitungsgrades die Personal Computer (PC) in den Vordergrund gestellt.

Computer erleichtern z.B. folgende Aufgaben:

- Aufnahme von Informationen (Erfassung),
- Verarbeitung von Informationen,
- Aufbewahrung von Informationen (Speicherung),
- Ausgabe von Informationen.

Die Art und Weise der Informationsverarbeitung durch Computer hängt von folgenden technischen Faktoren ab:

- Leistungsfähigkeit der technischen Bestandteile eines Computers (Hardware),
- Leistungsfähigkeit der eingesetzten Programme (Software),
- Leistungsfähigkeit und Ausgestaltung der Vernetzung von Computern hinsichtlich der Übertragung von Daten.

Die Ausgestaltung dieser Faktoren bildet die Grundlage für die Leistungsfähigkeit und die Benutzerfreundlichkeit der Computer. Die Benutzerfreundlichkeit wiederum bildet die Grundlage für die Akzeptanz durch den Menschen.

Ein fundiertes Grundwissen der Informationsverarbeitung bildet die Basis für einen effektiven Umgang mit Computern und ermöglicht den Anwendern die erfolgreiche Anpassung an neue Entwicklungen.

Informationsmanagement

Innerhalb eines Unternehmens geht es heute nicht mehr nur darum, daß die Computer funktionieren. Vielmehr müssen dem Unternehmen zum richtigen Zeitpunkt die richtigen Informationen in der richtigen Form zur Verfügung stehen. Dabei gewinnen für die Unternehmensführung neben den unternehmensinternen Informationen auch externe Informationen immer mehr Bedeutung. Den Anforderungen kann ein Unternehmen nur durch ein umfassendes Informationsmanagement gerecht werden. Es ist nicht mehr ausreichend, ausschließlich über eine technisch orientierte Datenverarbeitungsabteilung (DV-Abteilung) zu verfügen. Vielmehr müssen grundlegende Entscheidungen zur Informationsverarbeitung auf oberster Leitungsebene getroffen werden.

ABC GmbH

Herr Kaufmann ist seit kurzem Geschäftsführer der ABC GmbH (Beispielfirma dieses Buches). Eines seiner Ziele ist die Einführung moderner Informationsverarbeitung. Bisher sind in der ABC GmbH vereinzelte PC im Einsatz, die nicht miteinander vernetzt sind. Es sind unterschiedliche Programme installiert, die für Teilaufgaben eingesetzt werden. Neben den isolierten PC-Lösungen werden viele betriebliche Abläufe noch ohne Computer mit Hilfe von Belegen etc. gesteuert.

Bevor Herr Kaufmann mit der konkreten Planung einer neuen umfassenden Informationsverarbeitung beginnt, verschafft er sich einen Überblick über die Thematik. Er macht sich zunächst Gedanken über die Informationen und die Informationsflüsse der ABC GmbH. Dabei tauchen z.B. folgende Fragen auf:

- Was sind Informationen und Daten?
- Welche Informationen gibt es in der ABC GmbH?
- Welche Mitarbeiter sind mit der Erfassung und Verarbeitung von Informationen beschäftigt?
- Wie werden die Informationen erfaßt und aufbewahrt?

Die Inhalte dieser Fragestellungen werden in Kapitel 2 erläutert.

Anschließend verschafft sich Herr Kaufmann einen Überblick über technische Hilfsmittel, die zur Informationsverarbeitung eingesetzt werden können. In diesem Zusammenhang setzt er sich mit den Komponenten von Computern auseinander. Auch hier ergeben sich eine Reihe von Fragestellungen wie z.B.:

- Wie ist ein PC aufgebaut?
- Welche Eingabegeräte gibt es?
- Woraus resultieren Leistungsunterschiede in der Verarbeitung?
- Welche Speicherungsmöglichkeiten gibt es?
- Welche Drucktechnologien werden angeboten?

Die Inhalte dieser Fragestellungen werden in Kapitel 3 erläutert.

Direkt verbunden mit der Computertechnik stellen sich für Herrn Kaufmann Fragen bezüglich möglicher Programme:

- Welche Programme gibt es?
- Welche Voraussetzungen stellen die Programme an die Computer?
- Welche Programme eignen sich zur Verarbeitung welcher Daten?
- Wie groß ist der Einarbeitungsaufwand für die Mitarbeiter?
- Müssen betriebliche Abläufe aufgrund der eingesetzten Programme umgestellt werden?
- Was muß bei der Programmauswahl beachtet werden?

Die Inhalte dieser Fragestellungen werden in Kapitel 4 erläutert.

Herr Kaufmann beabsichtigt, die PC miteinander zu vernetzen. Ihn interessiert in diesem Zusammenhang:

- Welche Arten der Datenübertragung gibt es?
- Wie können PC miteinander vernetzt werden?
- Welche Vorteile und Vereinfachungen bringt ein Netzwerkbetrieb?
- Welche Möglichkeiten bietet eine Anbindung an das Internet?

Die Inhalte dieser Fragestellungen werden in Kapitel 5 erläutert.

Herr Kaufmann denkt darüber nach, welche Schutz- und Sicherheitsmaßnahmen aufgrund einer Erweiterung und Vernetzung der DV-Ausstattung erforderlich werden:

- Welche rechtlichen Rahmenbedingungen sind zu beachten?
- Welche technischen und organisatorischen Maßnahmen sind erforderlich?
- Welche Anforderungen muß ein Datenschutzbeauftragter erfüllen?
- Welche Verfahren führen zu einer zuverlässigen Sicherung der Datenbestände der ABC GmbH?

Die Inhalte dieser Fragestellungen werden in Kapitel 6 erläutert.

Herr Kaufmann verspricht sich von der Einführung einer modernen Informationsverarbeitung auch eine Optimierung der Bürokommunikation. In diesem Zusammenhang interessiert ihn:

- Welche EDV-Werkzeuge unterstützen eine optimale Bürokommunikation?
- Welche Möglichkeiten bieten moderne Informations- und Kommunikationstechniken hinsichtlich der Kooperation und Kommunikation der Mitarbeiter innerhalb des Unternehmens und auch mit Personen anderer Unternehmen?
- Welche Möglichkeiten bieten moderne Informations- und Kommunikationstechniken hinsichtlich der Ausgestaltung von Arbeitsplätzen außerhalb des Unternehmens?

Dieser Themenbereich wird in Kapitel 7 dargestellt. Es werden aktuelle Systeme vorgestellt und Entwicklungen im Bereich der Arbeitsplätze aufgezeigt.

2 Informationen und Daten

2.1 Einführendes Beispiel

ABC GmbH

Petra Müller ist Sachbearbeiterin in der Personalabteilung der ABC GmbH. Sie hat die Aufgabe, die Personaldaten einer neuen Mitarbeiterin zu erfassen. Sie verwendet einen PC mit einem Programm zur Lohn- und Gehaltsabrechnung. Auf dem Bildschirm erscheint eine Eingabemaske, in der Petra Müller z.B. folgende Personaldaten der neuen Mitarbeiterin erfaßt:

- den Namen,
- das Geburtsdatum,
- die Anschrift,
- die Gehaltsstufe,
- die Steuerklasse,
- das Einstellungsdatum.

Das Programm bietet zusätzlich die Möglichkeit, ein Bild der Mitarbeiterin abzuspeichern.

Die Daten, die Petra Müller erfaßt, haben einen festgelegten Nutzen für die weiteren Vorgänge im Betrieb (z.B. Gehaltszahlung). Die Daten sind dabei unterschiedlichen Typs, sie bestehen aus

- Texten (z.B. Name, Anschrift),
- Zahlen (z.B. Steuerklasse, Gehaltsstufe),
- Bild (z.B. Foto).

Peter Schulz ist für die Auftragsbearbeitung sowie die Materialwirtschaft der ABC GmbH zuständig. Zu seinem Tätigkeitsbereich gehören Vorgänge mit vielschichtigen Daten wie z.B.:

- Angebote erstellen,
- Aufträge bearbeiten,
- Lieferscheine bearbeiten,
- Lagerzugänge und Lagerentnahmen bearbeiten,
- Rechnungen bearbeiten.

Auch Peter Schulz beschäftigt sich mit unterschiedlichen Datentypen :

- Zahlen (z.B. Bestellmengen, Preise, Liefermengen),
- Texte (z.B. Artikelbezeichnungen, Kundennamen),
- Bilder (z.B. Artikel).

Das Ergebnis der Datenerfassung und -bearbeitung ist für die weitere Nutzung der Daten im Betrieb von großer Bedeutung.

2.2 Definitionen

Im Zusammenhang mit Computern wird häufig der Begriff „Daten" benutzt (z.B. Datenverarbeitung, Personaldaten, Stammdaten). Auch von „Informationen" ist häufig die Rede (z.B. Informationsverarbeitung, Informationstechnik, Informationssystem). Wie lassen sich die beiden Begriffe „Informationen" und „Daten" unterscheiden?

Informationen sind Angaben über Sachverhalte, Vorgänge und Personen. Informationen in maschinell verarbeitbarer Form werden Daten genannt [vgl. 5, S. 6]. Daten sind somit eine Untermenge der Informationen. Damit die maschinelle Verarbeitung, z.B. mit einem Computer, überhaupt möglich ist, müssen die Informationen in einer für den Computer verständlichen Form vorliegen.

Bild 2.1: Daten als Untermenge von Informationen

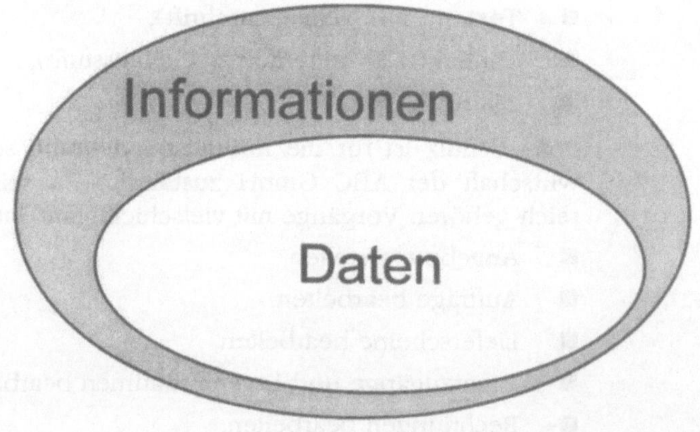

Aufgrund des technischen Fortschritts erweitern sich die Möglichkeiten der maschinellen Verarbeitung von Informationen rasant. Das führt dazu, daß die Untermenge „Daten“ immer größer wird. Heute wird aus diesem Grund anstelle von Datenverarbeitung zunehmend von Informationsverarbeitung gesprochen.

Informationen als Produktionsfaktor

Informationen gewinnen für die betrieblichen Abläufe einen immer größeren Stellenwert. Informationen werden als wichtiger Produktionsfaktor angesehen. Von der Ermittlung, Auswertung und Beurteilung der richtigen Informationen zum richtigen Zeitpunkt an den richtigen Stellen hängt der Erfolg eines Unternehmens ab.

2.3 Klassifizierung von Daten

Daten lassen sich nach verschiedenen Kriterien einteilen. Eine allgemeine Einteilung der Daten klassifiziert sie in Nutzdaten und Steuerdaten:

Bild 2.2: Allgemeine Einteilung von Daten

Allgemeine Unterteilung	Beschreibung
Nutzdaten	Daten, die Personen, Dinge und Abläufe der realen Welt beschreiben und computergestützt verarbeitet werden.
Steuerdaten	Daten, die der Steuerung von rechnerinternen Verarbeitungsprozessen dienen.

ABC GmbH

Im eingangs geschilderten Praxisfall sind unter den Nutzdaten z.B. die Personaldaten, die von Petra Müller erfaßt werden, zu verstehen. Bei den Steuerdaten handelt es sich z.B. um das Programm zur Lohn- und Gehaltsabrechnung.

Die Nutzdaten können im Zusammenhang mit der betrieblichen Datenverarbeitung nach folgenden Datenarten weiter unterschieden werden:

Bild 2.3: Einteilung der Nutzdaten nach Datenarten

Datenart	Beschreibung	Beispiele
Stammdaten	Sie sind über einen längeren Zeitraum unverändert.	Personalnummer Name Geburtsdatum Anschrift Artikelnummer
Änderungsdaten	Sie verändern Stammdaten.	neue Anschrift andere Gehaltsstufe
Bestandsdaten	Sie kennzeichnen die Bestände eines Unternehmens und werden durch die betrieblichen Abläufe ständig aktualisiert.	Lagerbestände Kontostände
Bewegungsdaten	Sie verändern Bestandsdaten.	Warenlieferung Lagerentnahmen Einzahlungen Auszahlungen

ABC GmbH

Die Personaldaten, die Petra Müller für die neue Mitarbeiterin erfaßt, sind Stammdaten. Zieht die Mitarbeiterin um oder ändert sich ihre Gehaltsstufe, handelt es sich um Änderungsdaten.

Peter Schulz beschäftigt sich ebenfalls mit vielen Stammdaten wie z.B.: Artikelnummern, Artikelbezeichnungen, Kundennummern und Kundennamen. Auch hier können Änderungsdaten wie z.B. die Änderung einer Artikelbezeichnung anfallen.

Bestandsdaten sind bei Peter Schulz zum Beispiel die Artikelbestände und die Kundenumsätze. Bewegungsdaten fallen immer dann an, wenn Peter Schulz Aufträge abwickelt: Artikel werden dem Lager entnommen und vermindern die Bestandsdaten, gleichzeitig steigen die Kundenumsätze.

Die Beispiele verdeutlichen, daß die Nutzdaten in eine zeitliche Struktur eingebettet sind. Passiert gar nichts, verändern sich auch die Daten nicht. Betriebliche Aktivitäten führen zu einer Änderung betrieblicher Daten. Die Datenarten können somit auch unter zeitlichen Gesichtspunkten betrachtet werden:

Bild 2.4: Einteilung der Nutzdaten nach zeitlichen Kriterien

zeitlicher Aspekt	Datenart
Zustandsorientierte Daten	Stammdaten Bestandsdaten
Ereignisorientierte Daten	Änderungsdaten Bewegungsdaten

Ereignisorientierte Daten wirken sich verändernd auf zustandsorientierte Daten aus [vgl. 11, S. 175].

Nutzdaten können auch nach Datentypen unterschieden werden. Dies ist für die Speicherung und Interpretation wesentlich. Folgende Datentypen lassen sich formal unterscheiden:

Bild 2.5: Einteilung der Nutzdaten nach Datentypen

Datentypen	Beschreibung	Beispiele
Alphabetische Daten	Buchstaben	Meier
Numerische Daten	Ziffern eines Zahlensystems	100 3,1415
Alphanumerische Daten	Buchstaben, Ziffern und Sonderzeichen	Konto 434922 D-48653
Grafische Daten	Grafiken	Foto bewegte Bilder
Akustische Daten	Töne, Musik	Sprache Geräusche digitale Musik

Die Kenntnis der verschiedenen Datentypen ist wichtig für die praktische Arbeit am Computer. Dies gilt insbesondere für die Datenerfassung. Wenn dem Anwender z.B. der Unterschied zwischen alphabetischen und numerischen Daten nicht bekannt ist, kommt es leicht zu typischen Eingabefehlern wie z.B. der Eingabe des Buchstaben „O" statt der Zahl 0 (Null). Für den Anwender sehen beide Eingaben nahezu gleich aus. Für den Computer besteht jedoch ein wesentlicher Unterschied zwischen den Eingaben, da er z.B. mit dem Buchstaben „O" nicht rechnen kann. Die Unterscheidung zwischen Zeichen und Zahlen wird im weiteren Verlauf dieses Kapitels noch näher erläutert.

Das folgende Organigramm stellt die angeführten Klassifizierungen von Daten im Überblick dar:

Bild 2.6: Klassifizierung von Daten

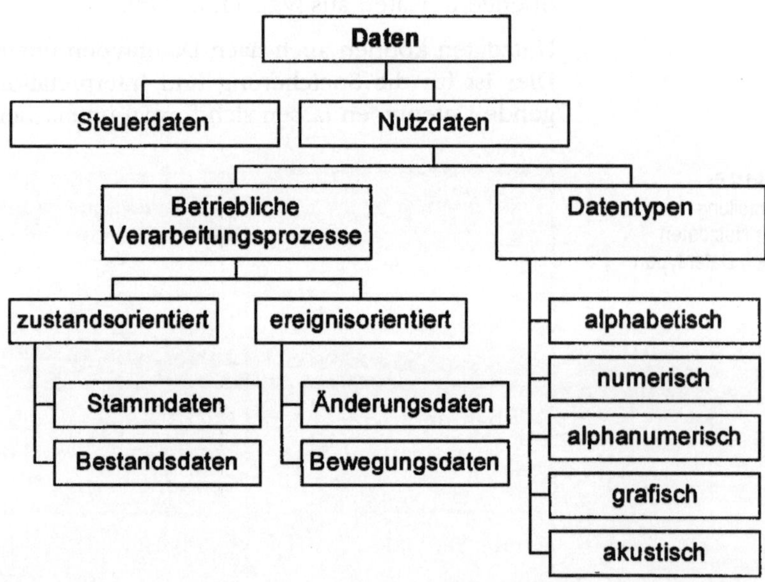

2.4 Datenaufbau

Daten werden hinsichtlich ihres Aufbaus in unformatierte und formatierte Daten unterschieden.

Unformatierte Daten

Unformatierte Daten besitzen keine feste Struktur. Ein Beispiel für unformatierte Daten im Hinblick auf den Datenaufbau ist eine Textdatei: Jede Zeile hat unterschiedlich viele Zeichen, jede Seite hat unterschiedlich viele Zeilen, einige Seiten enthalten Grafiken, andere nicht.

Formatierte Daten

Formatierte Daten weisen eine klar beschriebene Struktur auf. Sie bestehen aus einzelnen Segmenten, die alle eine festgelegte Länge und einen festgelegten Aufbau besitzen. Die Struktur ermöglicht einen schnellen und gezielten Zugriff auf einzelne Informationen. Das folgende Beispiel einer Adressenverwaltung verdeutlicht die Struktur formatierter Daten:

Bild 2.7:
Beispiel einer Struktur formatierter Daten

Feldname	Länge (Zeichen)	Typ
Vorname	20	alphabetisch
Name	35	alphabetisch
Straße	35	alphanumerisch
PLZ	5	numerisch
Ort	35	alphabetisch

Für den Vornamen wird eine Länge von 20 Zeichen definiert. Das bedeutet, daß – unabhängig von der tatsächlichen Buchstabenanzahl des Vornamens – immer 20 Zeichen für den Vornamen im Computer reserviert werden.

Für die Straße wird eine Länge von 35 Zeichen festgelegt. Es handelt sich um ein alphanumerisches Datenfeld, d.h. es ist vorgesehen, daß der Straßenname und die Hausnummer in ein Feld eingegeben werden.

Formatierte Daten weisen einen hierarchischen Aufbau auf, der durch die folgende Abbildung verdeutlicht wird:

Bild 2.8: Hierarchischer Aufbau formatierter Daten

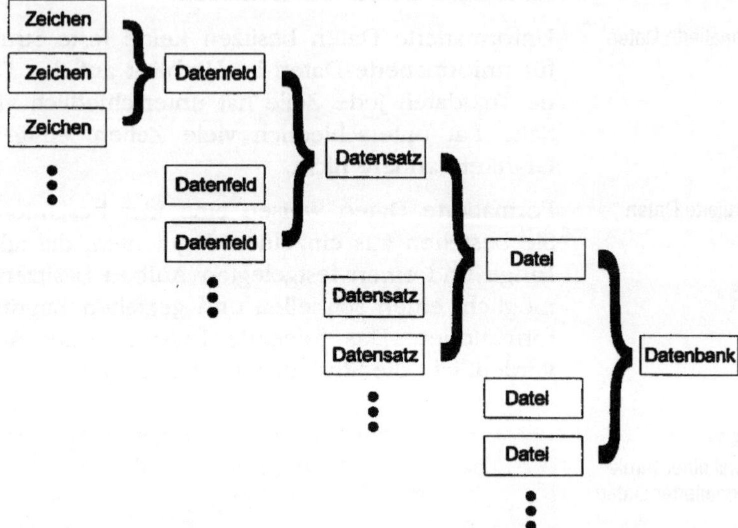

Ein Zeichen ist das kleinste Datenelement. Im obigen Beispiel der Adressenverwaltung (Bild 2.7) ist jeder Buchstabe des Vornamens ein Zeichen.

Ein Datenfeld besteht aus einem Zeichen oder einer Folge von Zeichen. Der Inhalt eines Datenfeldes kann z.B. alphabetisch, numerisch oder alphanumerisch sein. Im obigen Beispiel bildet z.B. der Vorname ein Datenfeld mit alphabetischem Inhalt.

Ein Datensatz besteht aus einem oder mehreren Datenfeldern. Ein Datensatz kann Datenfelder mit unterschiedlichen Datentypen enthalten. Im obigen Beispiel bildet die gesamte Adresse einen Datensatz.

Eine Datei besteht aus einem oder mehreren Datensätzen. Alle Adressen, die nach obiger Struktur erfaßt werden, bilden eine Datei (z.B. eine Kundendatei).

Die Zusammenfassung mehrerer Dateien, zwischen denen logische Abhängigkeiten bestehen, bildet eine Datenbank (z.B. Kundendatei, Artikeldatei, Auftragsdatei). Ein Programm zur Erzeugung und Verwaltung dieser Datenbank wird als Datenbankverwaltungssystem bezeichnet.

2.5 Datendarstellung auf rechnerinterner Ebene

Die Datentypen (alphabetisch, numerisch, alphanumerisch, grafisch, akustisch) führen für den Anwender zu einer verständlichen Darstellung von Daten. Doch wie stellt der Computer in seinem Inneren derartige Texte, Zahlen oder Bilder dar?

Die rechnerinterne Darstellung aller Daten basiert auf zwei unterschiedlichen Spannungszuständen, die auf Computerchips durch elektronische Schaltelemente erzeugt werden. Zur Beschreibung werden sie in der Regel mit 0 und 1 gekennzeichnet.

Durch die permanente Verkleinerung der elektronischen Schaltelemente ist die Computerindustrie heute in der Lage, mehrere Millionen Schaltelemente (Speicherstellen) auf der kleinen Oberfläche eines Computerchips zu integrieren. Ziel dieser Verkleinerung ist die Erhöhung der Speicherkapazität und die Beschleunigung der Verarbeitung der Daten.

Bit

Jede Speicherstelle, die eine 0 oder eine 1 darstellen kann, wird als Bit (Binary digit = Binärzeichen) bezeichnet.

Doch wie ist es möglich, mit den zwei Zuständen eines Bit die Vielfalt der zu verarbeitenden Informationen darzustellen? Um z.B. das Alphabet darzustellen, werden 26 Zeichen benötigt. Wollte man einen Spannungszustand (0) für das „A“ und den anderen Spannungszustand (1) für das „B“ reservieren, wären keine Spannungszustände mehr für das „C“ und die Folgebuchstaben vorhanden.

Byte

Zur Lösung dieser Problematik werden zur Darstellung der Zeichen mehrere Bits kombiniert. Definitionsgemäß wird die Folge von acht Bits (z.B. 01001110) als Einheit betrachtet und als Byte bezeichnet: **8 Bits = 1 Byte.**

Da an jeder der acht Stellen eines Bytes eine 0 oder eine 1 stehen kann, ergeben sich 256 (2^8) verschiedene Kombinationsmuster aus Nullen und Einsen, wie im folgenden auszugsweise verdeutlicht wird:

00000000	00000101
00000001	00000111
00000010	00001000
00000011	...
00000100	11111111

Doch welches dieser Kombinationsmuster stellt nun welches Zeichen dar?

Codierung

Es ist erforderlich, eine Zuordnung von Byte und Zeichen vorzunehmen. Diese Zuordnung wird als Codierung bezeichnet, die jeweilige Zuordnungsvorschrift als Code. Ein weitverbreiteter Code für Schrift- und Steuerzeichen ist der ASCII-Code (American Standard Code for Information Interchange). Nach diesem Code sieht z.B. das Wort „Buch" folgendermaßen aus:

01000010	01110101	01100011	01101000
(B)	(u)	(c)	(h)

Auch Groß- und Kleinbuchstaben werden im ASCII-Code unterschieden:

Großbuchstabe B: 01000010

Kleinbuchstabe b: 01100010

Für jeden der 26 Buchstaben sind also zwei Codes erforderlich. Neben den Buchstaben sind die zehn Ziffern (0,1,2,3,4,5,6,7,8,9), die Sonderzeichen (z.B. Punkt, Komma, Bindestrich) und einige Steuerzeichen für den Computer codiert. Die Steuerzeichen wurden mit einbezogen, weil der ASCII-Code ursprünglich für die Datenübertragung festgelegt wurde. So gibt es im Rahmen der Datenübertragung z.B. ein Steuerzeichen für das Beenden einer Kommunikation.

Die Zeichen werden im ASCII-Code zu Gruppen zusammengefaßt und Kategorien zugeordnet. Die Kategorien werden durch die ersten vier Bits des Codes angegeben und stellen jeweils eine Zeile der ASCII-Tabelle dar (siehe Bild 2.9). So stehen z.B. die Kategorien

0011 für die Ziffern 0 bis 9,

0100 für die Großbuchstaben „A" bis „O",

0101 für die Großbuchstaben „P" bis „Z",

0110 für die Kleinbuchstaben „a" bis „o",

0111 für die Kleinbuchstaben „p" bis „z".

Aus diesem Grund beginnt der Code für den Buchstaben „B" des Wortes „Buch" mit 0100.

Die letzten vier Bits eines Bytes codieren die einzelnen Zeichen der Kategorie. Es ergeben sich somit 16 (2^4) Kategorien und 16 (2^4) Zeichen je Kategorie. Die folgende Tabelle stellt einen Auszug aus der um die nationalen Sonderzeichen (z.B. Umlaute) erweiterten ASCII-Tabelle dar.

Bild 2.9:
Auszug aus der erweiterten ASCII-Tabelle

	0000	0001	0010	0011	0100	0101	0110	0111	1000	1001	1010	1011	1100	1101	1110	1111
0000																
0001																
0010		!	"	#	$	%	&	'	(	)	*	+	,	-	.	/
0011	0	1	2	3	4	5	6	7	8	9	:	;	<	=	>	?
0100	@	A	B	C	D	E	F	G	H	I	J	K	L	M	N	O
0101	P	Q	R	S	T	U	V	W	X	Y	Z	[	\	]	^	_
0110	`	a	b	c	d	e	f	g	h	i	j	k	l	m	n	o
0111	p	q	r	s	t	u	v	w	x	y	z	{	|	}	~	
1000	Ç	ü	é	â	ä	à	å	ç	ê	ë	è	ï	î	ì	Ä	Å
1001	É	æ	Æ	ô	ö	ò	û	ù	ÿ	Ö	Ü	ø	£	Ø	x	ƒ
1010	á	í	ó	ú	ñ	Ñ	ª	º	¿	®	¬	_	_	¡	«	»
1011						Á	Â	À	©					¢	¥	
1100							ã	Ã								
1101	_	_	Ê	Ë	È	ı	Í	Î	Ï					|	Ì	
1110	Ó	ß	Ô	Ò	õ	Õ	µ	_	_	Ú	Û	Ù	y	Y	¯	´
1111	–	±		_	¶	§	÷	¸	°	¨	·	1	3	2		

Unterscheidung von Zeichen und Zahlen

Der ASCII-Code dient zur Codierung von Schrift- und Steuerzeichen. Zahlen werden im Unterschied dazu rechnerintern mathematisch codiert. Der wesentliche Unterschied zwischen Zeichen und Zahlen liegt in der Art ihrer Verwendung. Mit Zahlen kann gerechnet werden, Zeichen dienen nicht zum Rechnen. Für die praktische Anwendung ist es sehr wichtig, diese unterschiedlichen Codierungsarten zu kennen, um Fehler zu vermeiden.

Das folgende Beispiel erläutert die unterschiedliche Codierung von Zeichen und Zahlen.

Beispiel

Betrachten wir die 1 als Zahl und die „1“ als Zeichen. Als Zahl könnte die 1 im Rahmen der Personaldatenerfassung z.B. als Anzahl der Kinder eines Mitarbeiters auftauchen. Als Zeichen könnte die „1“ in diesem Zusammenhang einen Bestandteil der Hausnummer darstellen (z.B. Rosenstraße 10).

Wie codiert der Computer das Zeichen „1“ und die Zahl 1?

Codierung des Zeichens „1“: 00110001

Codierung der Zahl 1: 00000001

Wo liegt der Unterschied? Nur in einem anderen Bitmuster?

Der Unterschied wird spätestens bei Betrachtung der zwei Zeichen „10“ und der zweistelligen Zahl 10 Zahl deutlich.

Codierung der Zeichen „10“: 00110001 (für das Zeichen „1“)
00110000 (für das Zeichen „0“)

Codierung der Zahl 10: 00001010

Für die Codierung der Zeichen „10“ werden zwei Bytes, für die Codierung der Zahl 10 wird nur ein Byte benötigt. Bei der Codierung von Zeichen gilt, daß für jedes Zeichen ein Byte benötigt wird (siehe z.B. ASCII-Tabelle, Bild 2.9). Für die Codierung von Zahlen von 0 bis 255 wird unabhängig von der Anzahl der Stellen der Zahl nur ein Byte benötigt. Zahlen werden also wesentlich kompakter codiert als Zeichen.

Doch das ist nicht der einzige Unterschied. Die Codierung von Zahlen erfolgt nach einem völlig anderen Schema als die Codierung von Zeichen.

Codierung von Zahlen

Zahlen werden nicht über einen Code wie den ASCII-Code codiert, sondern mathematisch aufgefaßt. Die Codierung von Zahlen basiert auf dem dualen Zahlensystem, die codierten Zahlen werden daher als Dualzahlen bezeichnet. Das folgende Beispiel stellt die den Dezimalzahlen im Bereich von 0 bis 255 entsprechenden Dualzahlen auszugsweise dar.

Bild 2.10: Dual- und Dezimalzahlen

Dualzahl	Dezimalzahl
00000000	0
00000001	1
00000010	2
00000011	3
00000100	4
00000101	5
00000110	6

Dualzahl	Dezimalzahl
00000111	7
00001000	8
00001001	9
00001010	10
00001011	11
...	...
11111111	255

Die Codierung von Zahlen behandelt die einzelnen Ziffern gemäß ihres Stellenwertes. Auch wenn die rechnerinterne Zahl 11111111 im Vergleich zur Dezimalzahl 255 völlig anders aussieht, haben beide Darstellungen eine gemeinsame mathematische Basis und sind demzufolge im Wert gleich. Im folgenden werden die Gemeinsamkeiten und Unterschiede des dezimalen und dualen Zahlensystems verdeutlicht.

Dezimales Zahlensystem [vgl. 5, S. 493ff.]

Unser gebräuchliches Zahlensystem, das dezimale Zahlensystem, ist ein Stellenwertsystem. Das besondere an einem Stellenwertsystem ist, daß zur Darstellung aller Zahlen nur wenige Ziffern benötigt werden. Der Wert einer Zahl ergibt sich aus der Anzahl der Stellen. So ist z.B. eine sechsstellige Zahl größer als eine fünfstellige Zahl. Der Wert einer einzelnen Ziffer einer Zahl ist abhängig von ihrer Position innerhalb der Zahl.

Als Beispiel dient die Zahl 222. Die erste Ziffer 2 entspricht dem Wert 200, weil sie die erste Position innerhalb einer dreistelligen Zahl einnimmt. Die zweite Ziffer 2 entspricht dem Wert 20 und die dritte Ziffer 2 dem Wert 2. Die einzelnen Werte ergeben sich aus der Multiplikation der Ziffer mit der Zehnerpotenz, die der Stelle der Ziffer innerhalb der Zahl zugeordnet ist. So ist z.B. der ersten Ziffer von rechts betrachtet die Zehnerpotenz 10^0 zugeordnet, der zweiten Ziffer die Zehnerpotenz 10^1 etc.:

$$1 \times 10^0 = 1$$
$$1 \times 10^1 = 10$$
$$1 \times 10^2 = 100$$
$$1 \times 10^3 = 1.000$$

...

Der Wert der jeweiligen Ziffer wird mit der Basis des Zahlensystems multipliziert. Die Basis wird mit einem Exponenten versehen. Der Wert des Exponenten drückt die Position innerhalb der Zahl aus. Im Dezimalsystem ist die Basis immer 10, die zur Verfügung stehenden Ziffern sind 0,1,2,3,4,5,6,7,8,9.

Die Dezimalzahl 222 als Zehnerpotenzen aufgelöst sieht daher folgendermaßen aus:

	222		
=	$2x10^2$	$+ 2x10^1$	$+ 2x10^0$
=	200	+ 20	+ 2

Duales Zahlensystem

Auch das dem Computer zugrunde liegende Zahlensystem ist ein Stellenwertsystem. Allerdings ist die Basis nicht 10, sondern 2. Es stehen statt 10 nur 2 Ziffern zur Verfügung, nämlich die 0 und die 1.

Das Zahlensystem des Computers heißt duales Zahlensystem, weil es ein Stellenwertsystem mit der Basis 2 ist.

Die Stellenwerte der einzelnen Zahlen sind beim Dualsystem Potenzen von 2. Die einzelnen Werte ergeben sich aus der Multiplikation der Ziffer mit der Zweierpotenz, die der Stelle der Ziffer innerhalb der Dualzahl zugeordnet ist. So ist z.B. der ersten Ziffer von rechts betrachtet die Zweierpotenz 2^0 zugeordnet, der zweiten Ziffer die Zweierpotenz 2^1 etc.

Umwandlung einer Dualzahl in eine Dezimalzahl

Der Wert einer Dualzahl wird bei Betrachtung der Umwandlung einer Dualzahl in eine Dezimalzahl deutlich. Dazu wird die Dualzahl in ihre Potenzen aufgelöst.

Im folgenden wird die Umwandlung der Dualzahl 1010 in die entsprechende Dezimalzahl 10 dargestellt:

1010	=	$1x2^3$	$+ 0x2^2$	$+ 1x2^1$	$+ 0x2^0$
	=	8	+ 0	+ 2	+ 0
	=	10			

Umwandlung einer Dezimalzahl in eine Dualzahl

Um eine Dezimalzahl in eine Dualzahl umzuwandeln, wird das Verfahren der fortlaufenden Division durch 2 eingesetzt. Die Umwandlung ist dann beendet, wenn das Ergebnis der Division 1 ist. Der Rest der jeweiligen Divisionen, der entweder 1 oder 0 beträgt, wird als Nennwert der Dualzahl gesetzt. Dabei entspricht der erste errechnete Nennwert der niedrigsten Stelle der gesuchten Dualzahl.

Am Beispiel der Dezimalzahl 222 sieht die Umwandlung folgendermaßen aus:

222:2	= 111	Rest 0 (achte Dualziffer)
111:2	= 55	Rest 1 (siebte Dualziffer)
55:2	= 22	Rest 1 (sechste Dualziffer)
22:2	= 11	Rest 0 (fünfte Dualziffer)
11:2	= 5	Rest 1 (vierte Dualziffer)
5:2	= 2	Rest 1 (dritte Dualziffer)
2:2	= 1	Rest 0 (zweite Dualziffer)

Der letzte Quotient 1 bildet die erste Ziffer der Dualzahl, der Rest (hier: 0) die zweite Ziffer. Die Dezimalzahl 222 entspricht der Dualzahl 10110110.

Angaben für die Speicherkapazität

Das duale Zahlensystem bildet die Grundlage für die Angabe von Speicherkapazitäten, die entsprechend der folgenden Tabelle angegeben werden:

Bild 2.11: Angaben für Speicherkapazitäten

1 Kilobyte (KB)	= 1.024 Bytes	= 2^{10} Bytes	= 1.024 Bytes
1 Megabyte (MB)	= 1.024 KB	= 2^{20} Bytes	= 1.048.576 Bytes
1 Gigabyte (GB)	= 1.024 MB	= 2^{30} Bytes	= 1.073.741.824 Bytes
1 Terabyte (TB)	= 1.024 GB	= 2^{40} Bytes	= 1.099.511.627.776 Bytes

2.6 Fragen und Aufgaben

1. Wie werden die Begriffe „Informationen“ und „Daten“ unterschieden?
2. Wie werden die Begriffe „Nutzdaten“ und „Steuerdaten“ unterschieden?
3. Welche der folgenden Daten sind Stammdaten (A), Änderungsdaten (B), Bestandsdaten (C) oder Bewegungsdaten (D)? Tragen Sie den entsprechenden Buchstaben in die zweite Spalte der folgenden Tabelle ein.

Kundennummer	
Bestellmenge	
Lagerzugang	
Bankverbindung eines Mitarbeiters	
Lagerbestand eines Artikels	
Warenentnahme	
Anschriftsänderung nach Umzug	
Telefonnummer eines Kunden	
Kontostand	
Änderung der Kinderanzahl eines Mitarbeiters	

4. Welche der folgenden Daten sind alphabetische Daten (A), numerische Daten (B) oder alphanumerische Daten (C)? Tragen Sie den entsprechenden Buchstaben in die zweite Spalte der Tabelle ein.

345,67	
(02541) 123456	
Akkuschrauber Drehfix	
Akkuschrauber Drehfix 200	
BLZ 222 333 44	
12	
ABC GmbH	

5. Nennen Sie die Elemente des hierarchischen Aufbaus formatierter Daten. Beginnen Sie mit dem kleinsten Datenelement.

6. a) Wieviel Bits ergeben ein Byte?

   b) Wieviel Kilobytes ergeben ein Megabyte?

7. Wieviel verschiedene Zeichen können mit einem Byte codiert werden?

8. Wie unterscheidet sich die Codierung von Zeichen und Zahlen?

3 Hardware

3.1 Einführendes Beispiel

ABC GmbH

Herr Kaufmann möchte im Rahmen der Einführung einer modernen Informationsverarbeitung mehrere PC für die ABC GmbH anschaffen. Sie sollen z.B. für die Verwaltung und die Materialwirtschaft eingesetzt werden. Herr Kaufmann führt Informationsgespräche mit verschiedenen Händlern und wird unter anderem mit folgenden Fragen konfrontiert:

- Wie groß soll der Arbeitsspeicher sein?
- Welche Datenträger werden benötigt?
- Welche Kapazitäten sollen die Festplatten aufweisen?
- Welche Monitorgrößen sind erforderlich?
- Welche Eingabegeräte werden benötigt?
- Mit welchem Prozessor sollen die PC ausgestattet werden?
- Sollen Strichcodes eingelesen werden?
- Welche Arten von Druckern sollen zum Einsatz kommen?

Die Fragen der Händler beziehen sich auf die technischen Bestandteile der PC, die im folgenden dargestellt werden.

3.2 Aufbau einer DV-Einrichtung

3.2.1 Überblick

Hardware

Die technischen Bestandteile eines PC werden als Hardware bezeichnet. Der Aufbau eines Computers kann zunächst vereinfacht über das sogenannte „EVA-Prinzip" verdeutlicht werden:

<u>E</u>ingabe ⟶ <u>V</u>erarbeitung ⟶ <u>A</u>usgabe

Das EVA-Prinzip orientiert sich an der Beschreibung von Tätigkeiten. Bezogen auf die Hardware-Komponenten, die diese Tätigkeiten ermöglichen, ergibt sich die folgende Darstellung:

Bild 3.1:
Grundmodell einer DV-Einrichtung Stufe 1

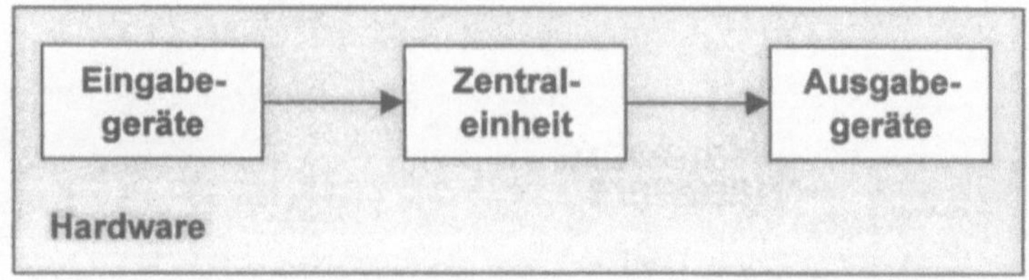

3.2.2 Eingabegeräte

Eingabegeräte ermöglichen die Erfassung (Eingabe) von Daten. Durch die Erfassung werden die Daten in eine maschinell verarbeitbare Form umgewandelt. Einige wesentliche Eingabegeräte werden im folgenden vorgestellt.

Tastatur

Die Tastatur ist auch heute noch das Haupteingabegerät des Computers.

Bild 3.2:
Tastatur

Die Computer-Tastatur verfügt im Unterschied zur Schreibmaschinentastatur über einige computerspezifische Tasten, die abhängig vom jeweiligen Programm mit unterschiedlichen Funktionen belegt sein können. Dies betrifft vor allem die Funktionstasten F1 bis F12:

[F1] [F2] [F3] [F4] [F5] [F6] [F7] [F8] [F9] [F10] [F11] [F12]

Hilfefunktion

Die F1-Taste ist in vielen Programmen mit einer Hilfefunktion belegt. Abhängig vom jeweiligen aktiven Programmabschnitt wird durch Drücken der F1-Taste ein zu diesem Teil zugehöriger Hilfetext angezeigt.

ABC GmbH

Ein Sachbearbeiter erfaßt einen neuen Kunden. Das Erfassungsprogramm erwartet die Eingabe einer Kundennummer. Der Sachbearbeiter drückt die F1-Taste und bekommt Grundregeln zur Vergabe der Kundennummer angezeigt. Im Hilfetext kann er z.B. nachlesen, welche Zeichen zulässig sind (nur Zahlen oder auch Buchstaben) und welche Länge die Nummer haben muß.

Die Enter-Taste (auch Eingabetaste oder Return-Taste genannt)

Enter

schließt Eingaben ab oder bestätigt Befehle. Sie wird bei der Erfassung von Texten auch eingesetzt, um einen neuen Absatz zu erzeugen.

Die Escape-Taste dient häufig zum Abbrechen von Befehlen.

Weitere computerspezifische Tasten sind die Alt-Taste, die Strg-Taste, und die AltGr-Taste:

Alt Strg AltGr

Tastenkombination

Sie werden häufig im Rahmen von Tastenkombinationen verwendet. Tastenkombinationen verlangen vom Anwender, daß zwei oder mehr Tasten gleichzeitig gedrückt werden. So bedeutet z.B. die Tastenkombination „Alt + D“, daß bei gedrückter Alt-Taste einmal die Taste „D“ gedrückt wird.

Eine weitere Besonderheit der Computer-Tastatur sind die Pfeiltasten (auch Cursortasten genannt):

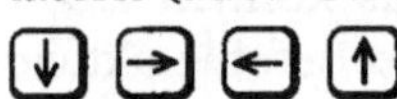

Cursor

Sie dienen zur schrittweisen Positionierung der Einfügemarke (des Cursors) auf dem Bildschirm. Die Einfügemarke kennzeichnet die Stelle auf dem Bildschirm, an der eine Eingabe vorgenommen werden kann.

Weitere Tasten zur Positionierung sind die Pos1-Taste und die Ende-Taste:

Pos 1 Ende

Sie bewirken in einem Textverarbeitungsprogramm z.B. folgendes: Durch Betätigen der Pos1-Taste gelangt der Anwender an den Anfang der Zeile, in der sich die Einfügemarke (der Cursor) befindet. Die Ende-Taste setzt die Einfügemarke an das Zeilenende.

Mit der Bild↑-Taste und der Bild↓-Taste

[Bild ↑] [Bild ↓]

Scrollen

kann die Bildschirmanzeige bildschirmseitenweise verändert werden. Dieser Vorgang wird auch als Scrollen bezeichnet.

Computer-Tastaturen verfügen über einen getrennten Ziffernblock. Hier sind die Ziffern so angeordnet, daß eine schnelle Eingabe von Zahlenkolonnen möglich ist.

Darüber hinaus verfügen Tastaturen über betriebssystemspezifische Tasten, die bestimmte Betriebssystembefehle aktivieren.

Es gibt Tastaturen unterschiedlicher ergonomischer Gestaltung. Die meisten Tastaturen sind rechteckig und beanspruchen bei häufiger und lang andauernder Anwendung die Handgelenke. Einige neuere Modelle verfügen über eine angewinkelte Konstruktion, die die Handgelenke entlastet.

ABC GmbH

Herr Kaufmann entscheidet, für das Sekretariat angewinkelte Tastaturen zu kaufen, da hier sehr viel Schreibarbeit anfällt und eine ergonomische Tastatur daher wichtig ist. Für die übrigen Arbeitsbereiche, in denen nur zeitweilig Eingaben erfolgen, sollen konventionelle Tastaturen zum Einsatz kommen.

Maus

Heutzutage kommt der Maus als Eingabegerät eine immer größere Bedeutung zu. Mit der Maus können z.B. Bildschirmelemente ausgewählt und markiert sowie Befehle aktiviert werden.

Bild 3.3: Maus

Im Gehäuse der Maus befindet sich eine Kugel, die durch eine Öffnung an der Unterseite der Maus Kontakt zur Arbeitsfläche bekommt. Durch Schieben der Maus auf der Arbeitsfläche wird die Kugel gedreht. Diese Drehung wird durch Kontakte in elektrische Signale umgewandelt und stellt damit eine vom Computer verarbeitbare Information dar. Das Schieben ermöglicht das Erreichen einer bestimmten Stelle auf dem Bildschirm. Entsprechend der Bewegung der Kugel wird ein Mauszeiger (z.B. in Pfeilform) auf dem Bildschirm bewegt.

Die Maus ist mit zwei, drei oder vier Tasten ausgestattet. Mit den Maustasten werden folgende Aktionen durchgeführt:

Bild 3.4: Mausaktionen

Bezeichnung	Aktion
Klicken	einmaliges kurzes Drücken einer Taste
Doppelklicken	zweimaliges kurz hintereinander folgendes Drücken einer Maustaste
Ziehen	Verschieben der Maus bei gleichzeitig gedrückter Maustaste

Mäuse sind entweder durch ein Kabel mit dem Computer verbunden oder stehen durch eine Infrarot-Ansteuerung mit dem Computer in Verbindung.

Scanner

Strichcode

Scanner sind Eingabegeräte, die z.B. das Einlesen von Grafiken, Strichcodes und Texten ermöglichen. Einen bekannten Einsatzbereich haben Scanner an Kassen in Supermärkten gewonnen. Sie werden dort zum Einlesen der Strichcodes auf den Produkten eingesetzt. Diese Codes werden von den Herstellern der Artikel aufgedruckt. Sie stellen europaeinheitliche Artikelnummern (EAN) dar. Die Hell-Dunkelübergänge der Strichcodes sind eine optische Umsetzung einer dreizehnstelligen Nummer. Die Strichbreiten stehen für bestimmte Ziffern. Die codierte Nummer steht unterhalb des Strichcodes. Sie kann bei Bedarf vom Anwender auch direkt eingegeben werden. Dies ist regelmäßig in den Supermärkten der Fall, wenn der Scanner den Strichcode aufgrund von Beschädigungen oder Verschmutzungen nicht lesen kann.

Scanner funktionieren ähnlich wie Kopiergeräte. Sie erkennen Hell-Dunkelbereiche der Vorlage und wandeln diese in digitale Informationen um.

Grafikobjekt

Hinsichtlich der Weiterverarbeitung von gescannten Informationen werden verschiedene Verfahren unterschieden. Im Normalfall wird die gescannte Vorlage in ein sogenanntes Grafikobjekt umgewandelt. Dieses Objekt kann in der weiteren Verarbeitung streng genommen nur noch in der Größe verändert werden. Eine inhaltliche Veränderung ist ohne größeren Aufwand nicht möglich.

Texterkennung

Ein anderes Verfahren der Weiterverarbeitung von gescannten Informationen wird durch den Einsatz spezieller Programme (z.B. Texterkennungsprogramme) ermöglicht. Durch Texterkennungsprogramme wird die gescannte Vorlage erkannt und in einen Text umgewandelt. Die Erkennung erfolgt durch einen Vergleich der Hell-Dunkel-Bereiche der Vorlage mit bestimmten Mustern, die in einer Datei abgespeichert sind (Mustervergleich).

Angenommen, auf der Vorlage befindet sich ein Zeichen, das aus zwei senkrechten Strichen mit einer Querverbindung in der Mitte besteht. Das Programm vergleicht das Muster dieses Zeichens mit den abgespeicherten Mustern. Es erkennt eine Ähnlichkeit mit der Form des Buchstaben „H".

Wenn eine Erkennung nicht gelingt, wird eine Lernroutine aktiviert. Ursache für eine Nichterkennung kann eine schlechte Vorlage sein (z.B. undeutliche Kopie). Der Anwender kann in diesen Fällen eingreifen und dem analysierenden Programm durch eine Eingabe das richtige Muster zuweisen. Der Problemfall wird als neues Muster abgespeichert und mit dem durch den Anwender eingegebenen Zeichen verbunden.

Folgendes Beispiel verdeutlicht Fehlermöglichkeiten beim Scannen von schlechten Vorlagen:

Bild 3.5: Detail aus eingescannter Vorlage

In dem Auszug ist das Wort „wann" dargestellt. Der dritte Buchstabe könnte fälschlicherweise als „h" interpretiert werden. Der vierte Buchstabe könnte fälschlicherweise als „r" interpretiert werden. Als Ergebnis würde das Programm in diesem Fall das Wort „wahr" interpretieren. Es besteht bei derartigen Fehlern die Gefahr der Sinnentstellung.

Die Texterkennung kann je nach eingesetztem Programm sogar so detailliert durchgeführt werden, daß der Text in eine für ein spezielles Textverarbeitungsprogramm erforderliches Dateiformat umgewandelt wird. Die Formatierungen wie Fett- oder Kursivdruck und Absatzausrichtungen (z.B. Blocksatz) werden dabei erkannt.

OCR

Die Texterkennungsprogramme werden als OCR-Software bezeichnet. OCR steht für „Optical Character Recognition". Diese Zeichenerkennung basiert auf zwei Zeichensätzen, die als Normschriften bezeichnet werden. Sie sind in den DIN-Normen (66008 und 66009) als OCR-A- und OCR-B-Schrift definiert. OCR-A besteht nur aus Großbuchstaben und Ziffern. Sie wird als Schrift bei den Scheck- und Überweisungsformularen der deutschen Banken eingesetzt. OCR-B enthält Groß- und Kleinbuchstaben und wird z.B. für die Klarschriftenzeile der EAN verwendet [vgl. 11, S. 47].

Aktuell gängige OCR-Programme können mittlerweile eine Vielzahl von Zeichensätzen (Schriftarten) erkennen und sind nicht mehr auf die ausschließliche Verwendung der OCR-Schrift angewiesen.

Scanner können anhand folgender Kriterien unterschieden werden:

Bild 3.6: Unterscheidungskriterien für Scanner

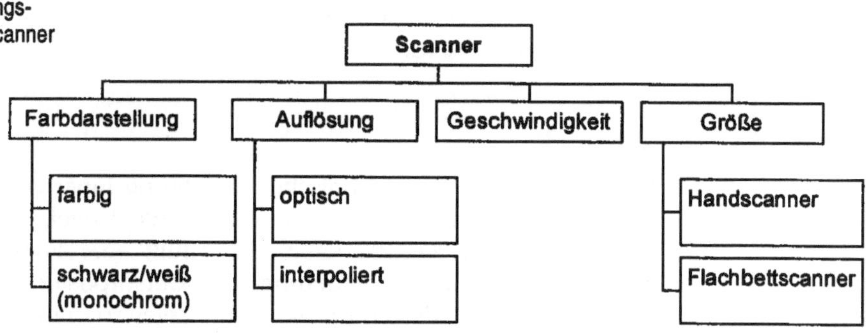

Farbdarstellung

Es gibt Scanner, die Farben erkennen und umsetzen können, so daß eine farbige Vorlage auch farbig im PC erscheint. Einfachere Scanner wandeln Farben lediglich in Graustufen (monochrom) um.

Auflösung Qualitative Unterschiede ergeben sich hinsichtlich der Auflösung. Je höher die Auflösung, desto feinkörniger ist die Erkennung und Verarbeitung eines Scanners. Die Auflösung wird in dpi (dots per inch = Punkte pro Inch) angegeben. Bei den Angaben zur Auflösung unterscheiden die Hersteller nach optischer und interpolierter Auflösung. Die optische Auflösung bezieht sich auf die Qualität der optischen Ausstattung (Technik). Eine höhere Auflösung ohne Steigerung der optischen Komponenten wird bei Standardscannern durch ein mathematisches Verfahren (Interpolation) erreicht. Bei den Leistungsangaben eines Scanners ist der Wert der interpolierten Auflösung deshalb immer höher als der Wert der optischen Auflösung. Das optische Verfahren liefert eine vergleichsweise bessere Qualität.

Geschwindigkeit Die Scan-Geschwindigkeit gibt an, wieviel Zeit für den Einlese- und Umwandlungsprozeß benötigt wird.

Größe Scanner werden in unterschiedlichen Größen angeboten. Das kleinste Format sind die Handscanner. Sie können z.B. gut zur Erkennung von Strichcodes eingesetzt werden. Sollen hingegen umfangreiche Abbildungen oder Dokumente eingelesen werden, ist der Einsatz eines Handscanners problematisch. Mit Handscannern können nur einzelne Ausschnitte eingescannt werden. Diese müssen dann im Computer wieder zusammengeführt werden. Für größere Abbildungen und Textseiten sind Flachbettscanner besser geeignet, da sie in der Lage sind, komplette Seiten (DIN A4, DIN A3) einzulesen. Für den professionellen Einsatz gibt es spezielle Scannertypen (z.B. Trommelscanner), die hier nicht weiter erläutert werden.

Trackball

Ein Trackball ist eine technische Einrichtung innerhalb einer Tastatur. Es handelt sich um eine eingebaute Kugel, die mit den Fingern gedreht werden kann. Sie erfüllt eine Funktion einer Maus, indem sie die Steuerung der Cursorposition bzw. des Pfeils auf dem Bildschirm ermöglicht. Zwei zusätzliche spezielle Tasten ersetzen die Funktionen der Maustasten.

Touchpad

Auch das Touchpad erfüllt die Funktionen einer Maus. Touchpads sind z.B. in Tastaturen von Notebooks integriert. Es handelt sich um eine rechteckige berührungssensitive Fläche. Durch Berührung mit den Fingern ist die Ausführung verschiederer Aktionen möglich (z.B. Bewegen des Mauszeigers, Bestätigung von Befehlen, Markierungen, Verschieben von Objekten).

Lichtstift [vgl. auch 5, S. 693]

Lichtstifte finden vor allem im Bereich der computergestützten Konstruktion (CAD = Computer Aided Design) Verwendung.

Ein Lichtstift gibt dem Anwender die Möglichkeit der Markierung bestimmter Stellen auf dem Bildschirm. Der Lichtstift ist technisch so ausgestattet, daß er den Abtaststrahl eines Monitors mit Bildröhre aufnehmen kann und dadurch die Bildschirmposition liefert. Der Lichtstift ermöglicht ein direktes Arbeiten am Bildschirm, so daß eine Koordination zwischen Eingabegerät und Arbeitsfläche durch das Auge (wie z.B. bei der Maus) nicht erforderlich ist.

Grafiktablett (Digitalisierbrett)

Auch das Grafiktablett findet insbesondere im Bereich der CAD-Anwendungen Verwendung.

Mit dem Grafiktablett kann der Anwender in Verbindung mit einer sogenannten Lupe oder einem Zeichenstift Funktionen auswählen, die mittels einer Folie auf dem Tablett dargestellt sind. Darüber hinaus können auf einer festgelegten Zeichenfläche grafische Elemente (z.B. Linien, Kreise) erzeugt sowie Markierungen vorgenommen werden, die dann auf den Monitor übertragen werden.

Das Grafiktablett ermöglicht einen direkten Zugriff auf häufig verwendete Befehle eines Grafik- bzw. Konstruktionsprogrammes. So kann der Anwender z.B. Befehle wie

- Strecke zeichen
- Bemaßung oder
- Endpunkt einer Linie ermitteln

direkt auf dem Digitalisierbrett auswählen. Die Auswahl erfolgt z.B. durch Positionierung des Fadenkreuzes einer Lupe auf dem Befehl und Drücken einer bestimmten Taste. Bei Einsatz eines Zeichenstiftes wird der Befehl durch leichte Druckausübung mit dem Stift (Kontaktherstellung) aktiviert.

Kartenleser [vgl. 5, S. 586ff., 651ff.]

Kartenleser finden heute insbesondere im Bereich des Magnetstreifen- bzw. Chipkarteneinsatzes Verwendung.

Magnetstreifenkarte

Magnetstreifenkarten sind Kunststoffkarten mit einer Standardgröße von 85,6 x 54 x 0,76 Millimeter. Auf ihrer Rückseite befindet sich ein 12,7 Millimeter breiter Magnetstreifen, auf dem die Daten aufgezeichnet werden. Magnetstreifenkarten finden z.B. Einsatz als Bankkarten oder als Betriebsausweise, die die Kontrolle von Zugangsberechtigungen regeln.

Chipkarte

Auch eine Chipkarte ist eine Kunststoffkarte in gleicher Größe wie die Magnetstreifenkarte. Die Chipkarte enthält einen elektronischen Chip, der zur Datenspeicherung dient. Chipkarten finden eine immer stärkere Verbreitung. Zu denken ist z.B. an den Einsatz als Zahlungsmittel (elektronische Geldbörsen), als Studienbuch oder als Gesundheitspaß. Chipkarten verfügen über eine wesentlich größere Speicherkapazität als Magnetstreifenkarten. Dies ist – neben besseren Schutzmechanismen – ein wesentlicher Grund für ihre zunehmende Verbreitung.

Touch Screen [vgl. 11, S. 53]

Als Touch Screen werden berührungsempfindliche Bildschirme bezeichnet. Sie enthalten elektrisch leitende Tastsensoren als Schicht auf dem Bildschirm oder integriert in das Monitorglas. Dadurch wird das Auslösen von Funktionen z.B. durch Berührung mit einem Finger ermöglicht. Touch Screens finden insbesondere im Informations- und Marketingbereich ihr Einsatzfeld. Man sieht sie z.B. bei Apotheken, Maklern oder Reisebüros.

ABC GmbH

In der ABC-GmbH werden auf jeden Fall die Standardeingabegeräte Tastatur und Maus zum Einsatz kommen. Ob noch weitere Eingabegeräte benötigt werden, entscheidet sich erst, wenn auch die Art der eingesetzten Programme bekannt ist. Wenn Herr Kaufmann ein neues Programm zur Lagerverwaltung einsetzen wird, kann gegebenenfalls der Einsatz von Scannern zur Erfassung codierter Artikelnummern erforderlich werden.

3.2.3 Ausgabegeräte

Mit Hilfe von Ausgabegeräten werden vom Computer verarbeitete Daten ausgegeben. Bildschirme (Monitore) und Drucker als wesentliche Ausgabegeräte werden im folgenden näher erläutert.

Monitor

Bild 3.7: Monitor

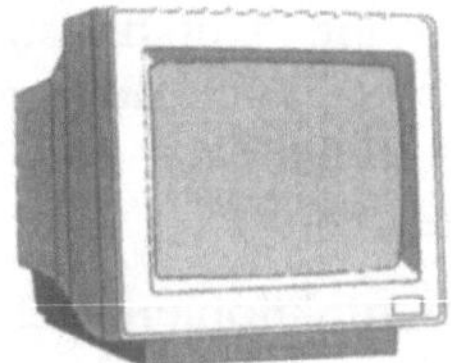

Die folgende Abbildung gibt einen Überblick über die Monitortypen [vgl. 10, S. 71f.]:

Bild 3.8: Monitortypen

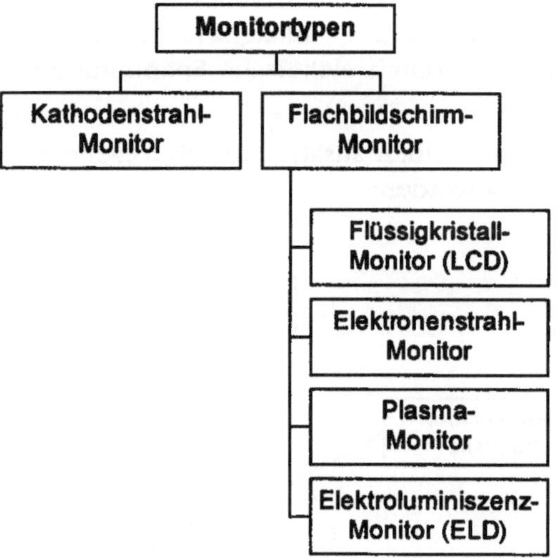

Zunächst lassen sich Monitore in Kathodenstrahl-Monitore und Flachbildschirm-Monitore unterscheiden.

Kathodenstrahl-Monitore

Kathodenstrahl-Monitore haben ein großes Gewicht und Volumen. Als Bildschirm wird eine Kathodenstrahlröhre (wie beim Fernseher) eingesetzt. Das Bild wird in der Röhre durch einen Elektronenstrahl erzeugt und zeilenweise aufgebaut.

Flachbildschirm-Monitore

Flachbildschirm-Monitore zeichnen sich durch ein wesentlich geringeres Gewicht und Volumen aus. Bedingt durch ihre Handlichkeit finden sie vor allem bei tragbaren Computersystemen (Notebooks) zunehmend Verbreitung. Sie werden in verschiedenen Techniken angeboten.

Den größten Verbreitungsgrad hat die LCD-Technik. LCD steht für „Liquid Crystal Display" (Flüssigkristall-Monitor). Die Flüssigkristalle verändern für die Bilddarstellung ihre optischen Eigenschaften. Daraus resultiert eine Durchlässigkeit bzw. Nichtdurchlässigkeit von Licht. Es werden dadurch bei Monochrom-Monitoren helle und dunkle Bildpunkte, bei Farbmonitoren entsprechend farbige Bildpunkte erzeugt.

Der Elektronenstrahl-Monitor funktioniert technisch ähnlich wie der Kathodenstrahl-Monitor, ist jedoch flacher.

Beim Plasma-Monitor wird die Ausgabe mit Hilfe gasgefüllter Zellen erzeugt. Die Zellen befinden sich zwischen zwei Glasplatten und werden durch elektrische Spannung zum Leuchten gebracht.

Der ELD-Monitor (Elektroluminiszenz-Display) erzeugt das Bild durch sehr dünne Halbleiterschaltungen, die aus Materialien bestehen, die durch elektrische Spannung zum Leuchten gebracht werden.

Monitore können zusätzlich nach folgenden Eigenschaften unterschieden werden:

Bild 3.9: Monitor-Eigenschaften

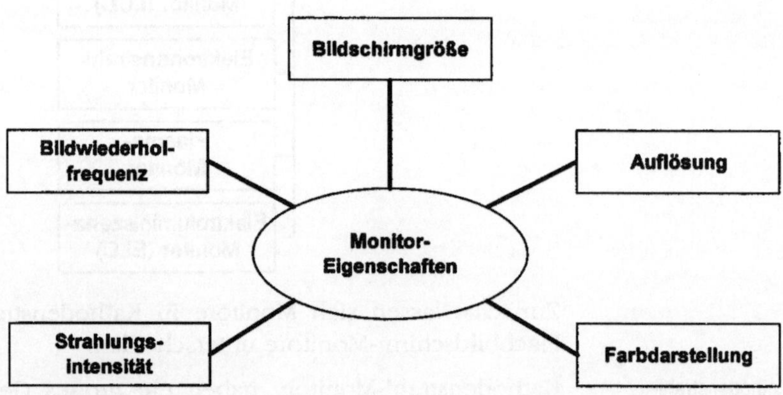

Monitore werden in unterschiedlichen Größen und für unterschiedliche Einsatzzwecke angeboten. Angaben zur Größe von Monitoren beziehen sich immer auf die sichtbare Bildschirmdiagonale. Die Größe wird in cm und Zoll (1 Zoll = 2,54 cm) angegeben.

Bild 3.10: Bildschirmgröße

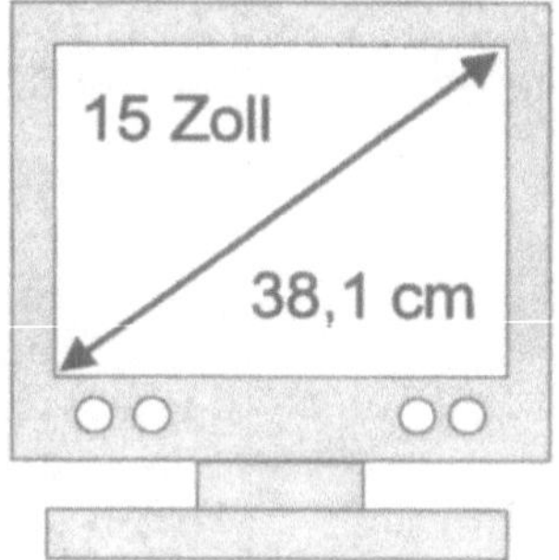

Die Darstellung der Monitorausgaben erfolgt durch viele einzelne Bildpunkte (Pixel). Man spricht hier auch von Auflösung. Die Auflösung wird durch zwei Werte dargestellt (z.B. 800 x 600). Dabei gibt die erste Zahl (hier: 800) die Anzahl der horizontalen Bildpunkte an. Die zweite Zahl (hier: 600) bezieht sich auf die vertikale Anzahl der Bildpunkte. Je größer die Anzahl der Bildpunkte ist, desto höher ist die Auflösung.

Bild 3.11: Bildschirmauflösung

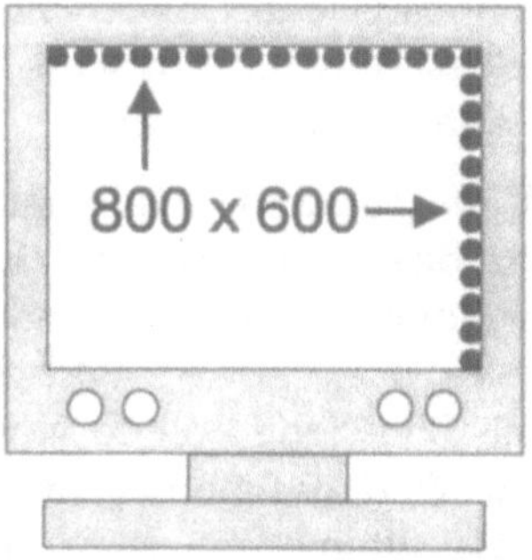

Die optimale Auflösung für die Wahrnehmung durch das menschliche Auge hängt von der Monitorgröße ab. Die folgende Tabelle stellt Erfahrungswerte für verschiedene Monitorgrößen dar:

Bild 3.12: Bildschirmgröße und Auflösung

Bildschirmgröße		
in cm	**in Zoll**	**optimale Auflösung**
35,6 cm	14 Zoll	640 x 480
38,1 cm	15 Zoll	800 x 600
43,2 cm	17 Zoll	1.024 x 768
48,3 - 53,3 cm	19-21 Zoll	1.280 x 1.024 / 1600 x 1200

Eine zu hohe Auflösung bei einem kleinen Bildschirm bewirkt, daß die einzelnen am Bildschirm ausgegebenen Objekte sehr klein abgebildet werden. Dadurch wird die Wahrnehmung durch das Auge erschwert.

Farbdarstellung

Monitore können nach dem Umfang der Farbdarstellung in Monochrom-Monitore (Schwarz-weiß-Darstellung) und Farbmonitore unterschieden werden.

Strahlungsintensität

Monitore geben Strahlen ab. Es wird immer wieder diskutiert, inwieweit Bildschirmstrahlung gesundheitsschädlich ist. Aufgrund dieser Problematik wurden Strahlungsgrenzwerte für die Herstellung von Monitoren festgelegt. Üblich sind heute die Normen MPR II und TCO. Beides sind schwedische Normen, wobei die TCO-Norm schärfere Anforderungen stellt.

Bildwiederholfrequenz

Ein wichtiger Begriff im Zusammenhang mit Monitoren ist die Bildwiederholfrequenz bzw. Bildwiederholrate. Sie gibt an, wie oft sich das Bild am Monitor in der Sekunde neu aufbaut. Die Angabe erfolgt in Hertz (Hz). Ein PC-Bildschirm in der Größe von 15 Zoll sollte eine Bildwiederholrate von mindestens 75 Hz aufweisen. Ab diesem Wert nimmt das menschliche Auge das Bild normalerweise als flimmerfrei wahr. Bei größeren Bildschirmen muß die Bildwiederholrate entsprechend höher sein.

Im Zusammenhang mit der Bildwiederholrate tauchen häufig die Begriffe der Zeilenfrequenz (auch: Horizontalfrequenz) und der Videobandbreite auf, da die Bildwiederholrate von diesen beiden Werten abhängig ist. Die Zeilenfrequenz gibt an, wie viele Zeilen pro Sekunde auf den Monitor geschrieben werden; sie wird in Kilohertz (kHz) angegeben. Die Videobandbreite gibt an, wie schnell die Pixel in ein und derselben Zeile erzeugt werden können; sie wird Megahertz (MHz) angegeben.

Grafikkarte

Monitore werden über Grafikkarten mit der Zentraleinheit verbunden. Die Übermittlung von Informationen von der Zentraleinheit an den Monitor erfolgt durch die Grafikkarte. Die Grafikkarte besitzt spezielle Grafikprozessoren, die für den Bildaufbau verantwortlich sind und damit den Prozessor entlasten.

Des weiteren verfügt die Grafikkarte über einen eigenen Arbeitsspeicher. Er bildet die Grundlage für die maximale Anzahl der darstellbaren Farben. Je mehr Arbeitsspeicher vorhanden ist, desto größer ist die Anzahl der darstellbaren Farben. Die Größe des Arbeitsspeichers der Grafikkarte wird in Megabyte (MB) angegeben.

Der Anwender kann die gewünschte Farbpalette einstellen. Sie wird in Anzahl der Farben bzw. in Bits angegeben.

Mögliche Angaben sind z.B.:

- 16 Farben,
- 256 Farben,
- 16-Bit-Farbtiefe,
- 24-Bit-Farbtiefe,
- 32-Bit-Farbtiefe.

Wird die Farbpalette vom Anwender z.B. auf 16-Bit-Farbtiefe eingestellt, kann das System maximal 65.536 (2^{16}) Farben darstellen. Dabei muß beachtet werden, daß die Farbdarstellung in Abhängigkeit der gewählten Auflösung eine ausreichend großen Arbeitsspeicher benötigt.

Bei der Verbindung von Monitor und Grafikkarte muß darauf geachtet werden, daß sie bezogen auf die jeweiligen Leistung aufeinander abgestimmt sind.

Drucker

Drucker können nach folgenden Leistungskriterien unterschieden werden:

Bild 3.13: Ausgewählte Leistungskriterien von Druckern

Leistungskriterien	Ausprägung
Druckgeschwindigkeit	Anzahl gedruckter Seiten pro Minute
Druckqualität	Auflösung in Punkten je Zoll (dpi = dots per inch)
Farbdarstellung	einfarbig (monochrom), mehrfarbig
Lautstärke	Druckgeräusch, Geräusch beim Papiereinzug
Unterhaltungskosten	Verbrauchsmaterial z.B. Tintenpatronen, Farbbänder, Toner, Fotoleitertrommeln
Wartungsintervall	Abstand zwischen den Wartungen (angegeben in Anzahl Seiten)
Bedienungsfreundlichkeit	Austausch von Verbrauchsmaterial, Einlegen von Papier
Erzeugung von Durchschlägen	möglich oder nicht möglich
Druckmedienformat	Mediengröße (z.B. DIN A 4, DIN A 3)
Druckmedienart	Papier, Folien, Größe des Papiers, Endlospapier
Druckmechanik	mit Anschlag, anschlagfrei
Druckaufbereitung	zeichenweise, zeilenweise, seitenweise
Art der Zeichenausgabe	ganzes Zeichen, Matrix
Umweltverträglichkeit	Ozonbelastung, Energieverbrauch

Einige Leistungskriterien werden im folgenden näher erläutert und mit Beispielen ergänzt.

Die folgende Abbildung klassifiziert Drucker hinsichtlich der verwendeten Druckmechanik:

Bild 3.14: Druckertypen nach Druckmechanik

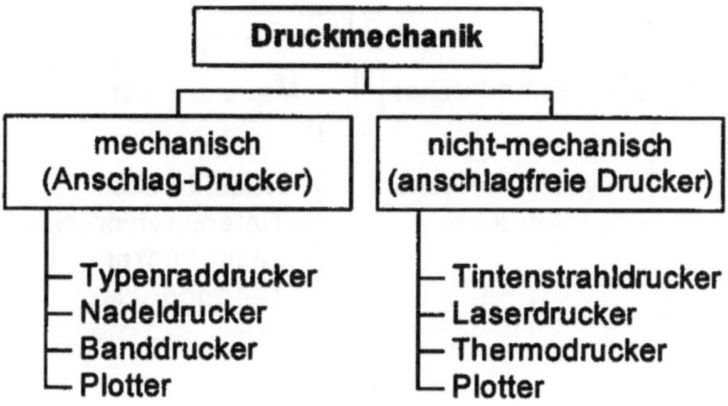

Bei mechanischen Druckern wird die Druckfarbe durch einen Anschlagmechanismus auf das Papier aufgetragen. Die nicht-mechanischen Drucker funktionieren ohne direkten Anschlag auf das Papier.

Die folgende Abbildung klassifiziert Drucker hinsichtlich der verwendeten Druckaufbereitung:

Bild 3.15: Druckertypen nach Druckaufbereitung

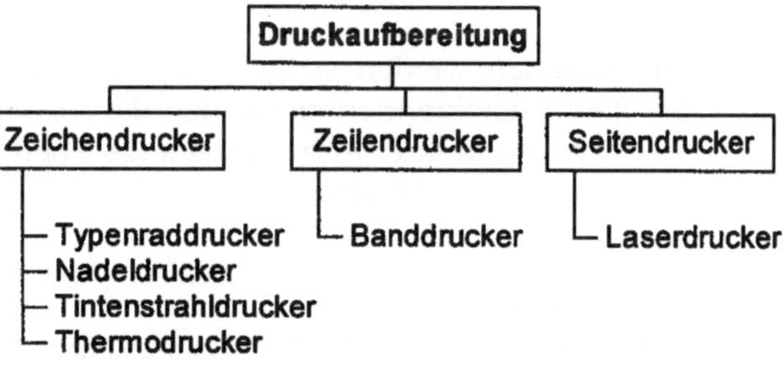

Zeichendrucker bereiten den Ausdruck zeichenweise auf. Bei Zeilendruckern erfolgt die Aufbereitung zeilenweise, d.h. erst wenn eine komplette Zeile im Druckerspeicher (Puffer) aufbereitet ist, wird sie ausgegeben. Bei Seitendruckern wird vor der Ausgabe die gesamte Seite aufbereitet.

Die folgende Abbildung klassifiziert Drucker hinsichtlich der verwendeten Art der Zeichenausgabe:

Bild 3.16: Druckertypen nach Art der Zeichenausgabe

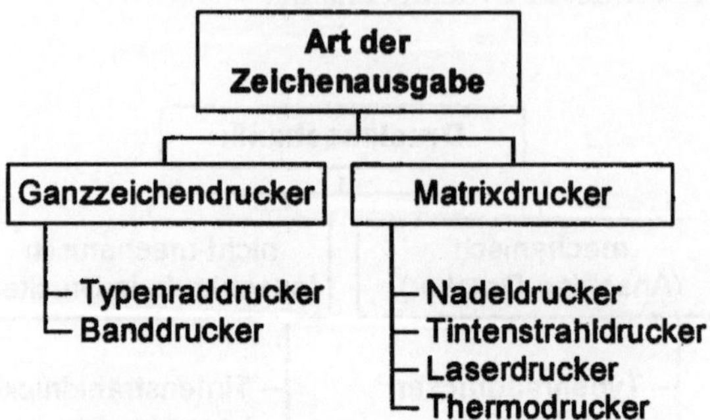

Bei einem Ganzzeichendrucker liegen die Zeichen fest ausgeformt vor. Bei einem Matrixdrucker werden die Zeichen nach definierten Mustern aus Punkten zusammengesetzt.

Beispiel:

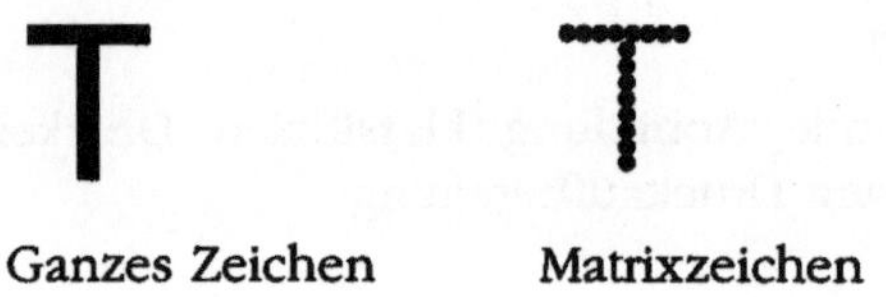

Ganzes Zeichen Matrixzeichen

Im folgenden werden einige gängige Druckertypen vorgestellt. Bei ihrer Charakterisierung werden die soeben näher erläuterten drei Kriterien in ihrer Ausprägung angegeben sowie beispielhafte Vor- und Nachteile aufgezeigt.

Typenradrucker

(mechanisch, Zeichendrucker, Ganzzeichendrucker)

Technisch gesehen funktionieren Typenraddrucker wie Typenrad-Schreibmaschinen. Auf dem Typenrad sind Buchstaben und Zeichen angeordnet. Zum Drucken eines Zeichens wird das Typenrad so weit gedreht, bis das gewünschte Zeichen in Druckposition steht. Mittels eines Anschlags auf ein Farbband, hinter dem sich das Papier befindet, wird das entsprechende Zeichen auf das Papier gedruckt.

Auf einem Typenrad ist jeweils nur eine Schriftart untergebracht. Zum Ändern der Schriftart ist ein Auswechseln des Typenrades erforderlich.

Bild 3.17: Beurteilung Typenraddrucker

Vorteile	**Nachteile**
• Durchschläge möglich	• lautes Druckgeräusch
• gute Druckqualität bei Text	• geringe Druckgeschwindigkeit
• Endlospapier möglich	• wenig Schriftarten
• geringe Unterhaltungskosten	• hoher Aufwand bei Wechsel der Schriftarten
	• nicht grafikfähig

Nadeldrucker
(mechanisch, Zeichendrucker, Matrixdrucker)

Bei Nadeldruckern erfolgt der Druck eines Zeichens dadurch, daß der Druckkopf die Nadeln (9, 18, 24 oder 48 Nadeln) so auf das Farbband drückt, daß sich das gewünschte Muster ergibt. Die Druckqualität hängt von der Anzahl der Nadeln ab. Je mehr Nadeln verfügbar sind, desto feiner sind die Punkte und desto weniger nimmt das Auge die einzelnen Punkte wahr.

Bild 3.18: Beurteilung Nadeldrucker

Vorteile	**Nachteile**
• Durchschläge möglich	• lautes Druckgeräusch
• verschiedene Schriftarten möglich	• durchschnittliche Druckqualität
• grafikfähig	
• hohe Druckgeschwindigkeit	
• geringe Unterhaltungskosten	
• Endlospapier möglich	

Tintenstrahldrucker
(nicht-mechanisch, Zeichendrucker, Matrixdrucker)

Auch bei Tintenstrahldruckern bildet eine Matrix die Grundlage zum Ausdruck. Die Matrix wird durch Tintentröpfchen gebildet, die aus Düsenkanälen des Druckkopfes ausgestoßen werden. In einer Sekunde können mehrere Tausend Tröpfchen abgegeben werden.

Bei Farbdruckern wird eine Farbpatrone mit drei oder mehr Grundfarben und eine Patrone mit schwarzer Tinte eingesetzt. Durch das Mischen der Grundfarben können die gewünschten Farbabstufungen erzielt werden.

Bild 3.19: Beurteilung Tintenstrahldrucker

Vorteile	**Nachteile**
• leises Druckgeräusch	• keine Durchschläge möglich
• hohe Druckqualität	• hohe Unterhaltungskosten
• verschiedene Schriftarten möglich	• in der Regel kein Endlos-papier
• grafikfähig	• spezielles Papier notwendig

Laserdrucker
(nicht-mechanisch, Seitendrucker, Matrixdrucker)

Beim Laserdrucker ist die Druckfarbe (Toner) wie beim Kopierer in einer Kassette untergebracht. Durch elektrostatische Aufladung wird erreicht, daß der Toner an bestimmten Stellen der Trommel haftet und somit auf das Papier übertragen werden kann. Bei der Lasertechnik wird jeweils zunächst eine ganze Seite elektronisch aufbereitet und dann ausgedruckt.

Bild 3.20: Beurteilung Laserdrucker

Vorteile	**Nachteile**
• leises Druckgeräusch	• keine Durchschläge möglich
• sehr hohe Druckqualität	• relativ hohe Unterhaltungskosten
• verschiedene Schriftarten	• in der Regel kein Endlospapier
• grafikfähig	

Banddrucker
(mechanisch, Zeichendrucker, Ganzzeichendrucker)

Die Zeichen (Drucktypen) befinden sich auf einem Stahlband, das in einer Kassette untergebracht ist. Das Stahlband wird zum Druckvorgang in eine horizontale Rotation versetzt. Die Druckmechanik schlägt das Papier immer dann gegen das Band, wenn sich das richtige Zeichen in der Druckposition befindet.

Plotter

Plotter kommen vor allem für technische Zeichnungen und grafische Darstellungen zum Einsatz wie z.B.:

- Architekturzeichnungen,
- Konstruktionspläne,
- geografische Darstellungen,
- Plakate.

Es werden unterschiedliche Drucktechnologien und Bauarten eingesetzt, die speziell auf die genannten Anwendungsbereiche ausgerichtet sind (z.B. große Papierformate, exakte Zeichenqualität).

ABC GmbH

Herr Kaufmann hat bereits erste Vorstellungen bezüglich des Einsatzes von Druckern in der ABC GmbH. Im Sekretariat werden vorwiegend Briefe und Protokolle geschrieben. Herr Kaufmann geht davon aus, daß für diesen Bereich der Einsatz eines Laserdruckers sinnvoll ist. Er möchte dort qualitativ hochwertige Ausdrucke erzeugen. Zudem ist die Geräuschbelastung durch Laserdrucker besonders gering. Dies ist im Sekretariatsbereich aufgrund der vielen Telefonate und des häufigen Besucherkontaktes besonders wichtig.

Im Bereich der Materialwirtschaft ist die Erstellung von Durchschlägen wichtig. Daher werden hier voraussichtlich Nadeldrucker zum Einsatz kommen. Das laute Druckgeräusch soll durch den Einsatz von Schallschutzhauben reduziert werden.

3.2.4 Zentraleinheit

Zwischen der Eingabe und der Ausgabe von Daten finden viele Verarbeitungsvorgänge in der Zentraleinheit des Computers statt. Wesentliche Bestandteile der Zentraleinheit sind:

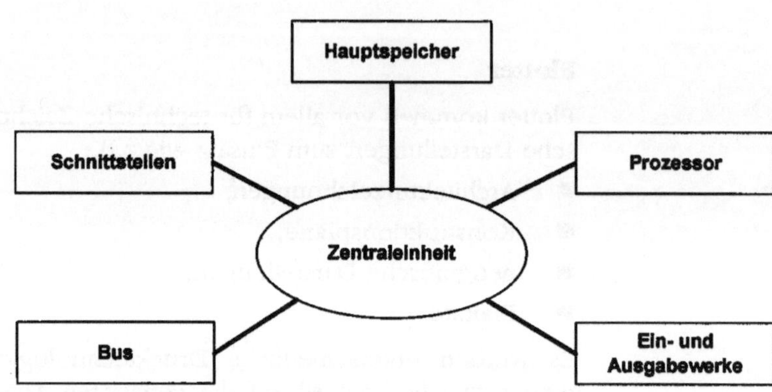

Bild 3.21: Bestandteile der Zentraleinheit

Hauptspeicher

Der Hauptspeicher besteht aus Arbeitsspeicher und Festwertspeicher.

Bild 3.22: Hauptspeicher

Arbeitsspeicher

Der Arbeitsspeicher wird auch als RAM-Speicher bezeichnet, da es sich um einen Speicher mit wahlfreiem Zugriff handelt (<u>Ran</u>dom <u>A</u>ccess <u>M</u>emory). Die zur Verfügung stehenden Speicherstellen haben fest zugeordnete Adressen. Sie können beliebig oft wahlweise gelesen oder beschrieben werden. Aufgrund dieser Eigenschaft wird der Arbeitsspeicher auch als Schreib-Lese-Speicher bezeichnet.

Der Arbeitsspeicher ist ein flüchtiger Speicher, d.h. er enthält nur Daten, wenn der Computer mit Strom versorgt ist (eingeschaltet ist). Mit dem Ausschalten des Computers verliert der Arbeitsspeicher seinen Inhalt.

Zwischen dem Arbeitsspeicher und der Festplatte sowie dem Arbeitsspeicher und dem Prozessor finden ständig Datentransporte statt. Im Arbeitsspeicher befinden sich die jeweils aktuell zu bearbeitenden Daten sowie die dafür notwendigen Programme (z.B. Betriebssystem, Textverarbeitungsprogramm, Brief). Sie werden bei Bedarf von der Festplatte in den Arbeitsspeicher übertragen. Aus dem Arbeitsspeicher können sie sehr schnell zur Verarbeitung an den Prozessor weitergegeben werden.

Bild 3.23: Datenübertragung zwischen Festplatte, Arbeitsspeicher und Prozessor

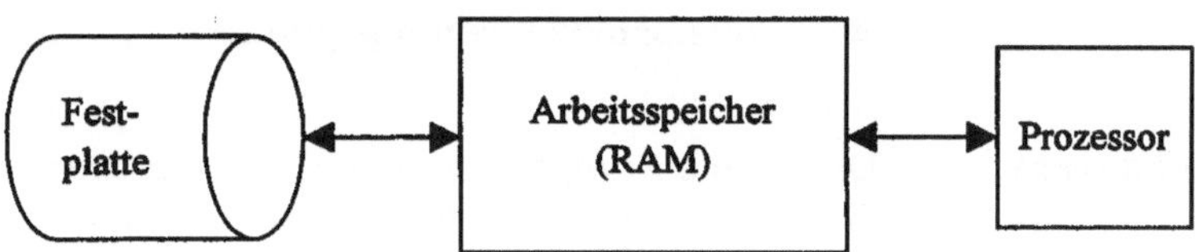

ABC GmbH

Frau Sander, Sekretärin der ABC GmbH, möchte eine Einladung zu einer Versammlung schreiben. Sie startet ihren Computer. Während des Startvorgangs werden die benötigten Teile des Betriebssystems von der Festplatte in den Arbeitsspeicher geladen. Zum Erfassen des Textes startet Frau Müller ihr Textverarbeitungsprogramm. Durch den Startvorgang werden wesentliche Teile des Textverarbeitungsprogramms – die für die Erfassung und Korrektur erforderlich sind – ebenfalls in den Arbeitsspeicher geladen. Nun beginnt Frau Müller mit der Eingabe des Briefes. Jedes Zeichen, das sie tippt, wird im Arbeitsspeicher abgelegt. Das Starten weiterer Verarbeitungsvorgänge durch Frau Müller (z.B. Formatierung, Rechtschreibprüfung, Silbentrennung) führt zu einem Nachladen der erforderlichen Bestandteile des Textverarbeitungsprogramms von der Festplatte in den Arbeitsspeicher. Die eigentlichen Verarbeitungsvorgänge finden im Prozessor statt. Wenn Frau Müller den Brief speichert, wird er vom Arbeitsspeicher auf die Festplatte übertragen. Dadurch bleibt der Text auch nach Ausschalten des Computers dauerhaft verfügbar.

Die Größe des Arbeitsspeichers wird in Megabyte (MB) angegeben. Je größer der Arbeitsspeicher, desto mehr Daten stehen für die aktuelle Verarbeitung zur Verfügung und desto schneller kann die Verarbeitung erfolgen.

Die erforderliche Kapazität des Arbeitsspeichers hängt von den eingesetzten Programmen und dem Datenvolumen ab. In der Regel formulieren die Programmhersteller Mindestangaben bezüglich der Größe des Arbeitsspeichers. Die höchsten Anforderungen stellen vor allem

- Programme zur Bearbeitung von audio-visuellen Daten,
- Programme zur Erstellung von Grafiken,
- Programme zur Erstellung von technischen Zeichnungen (z.B. Konstruktionspläne),
- Datenbankverwaltungssysteme.

Festwertspeicher

Die zweite Komponente des Hauptspeichers ist der Festwertspeicher. Er kann nur gelesen werden und wird deshalb auch als ROM-Speicher (<u>R</u>ead-<u>O</u>nly-<u>M</u>emory) bezeichnet. Festwertspeicher speichern die Steuerinformationen für elementare Maschinenoperationen und häufig benutzte mathematische und logische Funktionen.

Ebenfalls zur Kategorie der ROM-Speicher gehören Speicher, die durch spezielle technische Verfahren einmal oder mehrmals beschrieben werden können:

- PROM (<u>P</u>rogrammable <u>ROM</u>)
  Dieser Speicherbaustein kann einmal beschrieben werden.
- EPROM (<u>E</u>rasable and <u>P</u>rogrammable <u>ROM</u>)
  Dieser Speicherbaustein kann über UV-Licht gelöscht und anschließend programmiert werden.
- EEPROM (<u>E</u>lectronical <u>EPROM</u>)
  Dieser Speicherbaustein kann elektronisch gelöscht und programmiert werden.

Im Unterschied zum RAM-Speicher sind die im ROM-Speicher abgelegten Informationen dauerhaft verfügbar, d.h. sie bleiben auch bei ausgeschaltetem Computer erhalten.

Prozessor

Der Prozessor bildet den Kern der Zentraleinheit. Er ist für die Verarbeitung von Informationen sowie die Steuerung und Koordination der Arbeitsabläufe zuständig. Liegen sämtliche Schaltungen in einem Prozessorchip vor, wird er als Mikroprozessor oder CPU (Central Processing Unit) bezeichnet. PC werden von einem Mikroprozessor gesteuert.

Prozessoren bestehen im wesentlichen aus folgenden Bestandteilen:

Bild 3.24: Bestandteile eines Prozessors

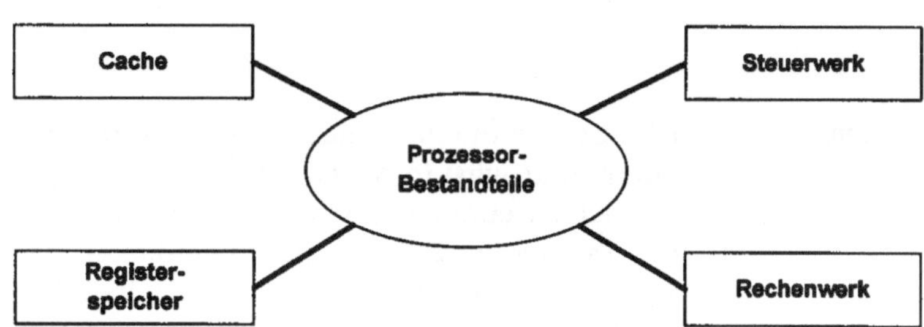

Das Steuerwerk übernimmt die Aufgabe, die einzelnen Prozesse im Rechner zu steuern und zu koordinieren. So regelt das Steuerwerk z.B. die Reihenfolge der Befehlsausführung.

Das Rechenwerk beinhaltet eine Vielzahl von mathematischen Funktionen, die für die Berechnung von einfachen bis komplexen Aufgaben notwendig sind. Das Rechenwerk erhält Befehle vom Steuerwerk und führt sie aus.

Die Registerspeicher werden für die Speicherung von Zwischenergebnissen, Programmständen und Adressen benutzt.

Neben den Registerspeichern verfügen moderne Mikroprozessoren über einen weiteren Speicher, den Cache. Der Cache wird als schneller Zwischenspeicher eingesetzt, um die Wartezeit auf den langsameren Arbeitsspeicher zu verringern. Je nach Prozessortyp ist er unterschiedlich groß. Der prozessorinterne Cache wird auch als „first level cache“ oder L1 bezeichnet.

Einige Rechnersysteme besitzen zur Leistungssteigerung einen zusätzlichen Cachespeicher außerhalb des Prozessors. Dieser Cache wird als „second level cache“ oder L2 bezeichnet. Die

Größe des sekundären Cache-Speichers ist von der Gesamtgröße des Arbeitsspeichers abhängig. Eine zu große Kapazität des Cache-Speichers wirkt sich allerdings nicht mehr positiv auf die Geschwindigkeit aus, da die Verwaltung der dort abgelegten Daten zu umfangreich würde.

Bild 3.25: Datenübertragung zwischen Festplatte, Arbeitsspeicher, Cache und Prozessor

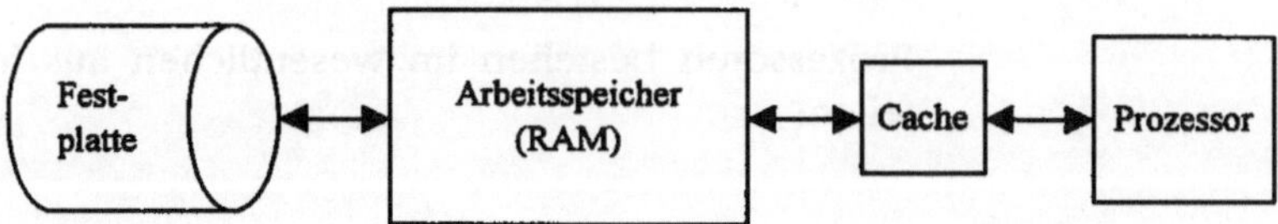

Taktfrequenz

Die Geschwindigkeit des Prozessors resultiert aus der Taktfrequenz und wird in Megahertz (MHz) angegeben. Ein Megahertz bezeichnet eine Millionen Schwingungen in der Sekunde. Neben der Taktfrequenz ist die Geschwindigkeit des Prozessors abhängig von der Verarbeitungsbreite. Die Verarbeitungsbreite gibt an, wieviel Bits gleichzeitig prozessorintern übertragen werden können.

Vor allem rechenintensive Programme wie Grafikprogramme, Konstruktionsprogramme oder Multimedia-Systeme sind auf schnelle Prozessoren angewiesen, da in diesen Anwendungen ständig sehr viele Daten berechnet werden müssen.

Ein- und Ausgabewerke

Die Ein- und Ausgabewerke sind für die Steuerung der Datenübertragung aus der Zentraleinheit heraus und in die Zentraleinheit hinein zuständig. Sie entlasten dadurch den Prozessor.

Die Ein- und Ausgabewerke sind z.B. für die Kommunikation zwischen Zentraleinheit und Drucker zuständig. Sie informieren den Prozessor über die Druckbereitschaft und den jeweiligen Stand des Druckvorganges. Diese Kommunikation wird in der Weise geregelt, daß die angeschlossenen Geräte (z.B. Drucker) über die Ein- und Ausgabewerke sogenannte Systemunterbrechungen auslösen, die den Prozessor zu bestimmten Reaktionen veranlassen. Dadurch wird gewährleistet, daß der Prozessor keine kostbare Zeit verschwenden muß, um sich ständig über die Zustände der jeweiligen Geräte zu informieren. Diese Systemunterbrechungen werden mit dem Begriff „Interrupt“ bezeichnet.

Spezielle Bausteine regeln die Datenübertragung zwischen dem Arbeitsspeicher und externen Geräten sowie von externen Geräten untereinander völlig unabhängig vom Prozessor. Der Prozessor wird dadurch entlastet. Diese Bausteine werden mit dem Begriff DMA-Bausteine bezeichnet. DMA steht für einen direkten Speicherzugriff (DMA = Direct Memory Access).

Bus

Übertragungswege zwischen den einzelnen Bauelementen der Zentraleinheit werden als Bus bezeichnet. Ähnlich wie beim Prozessor ist die Übertragungsgeschwindigkeit von zwei Faktoren abhängig: der Taktfrequenz und der Verarbeitungsbreite.

Es können folgende Busarten unterschieden werden:

Bild 3.26: Busarten

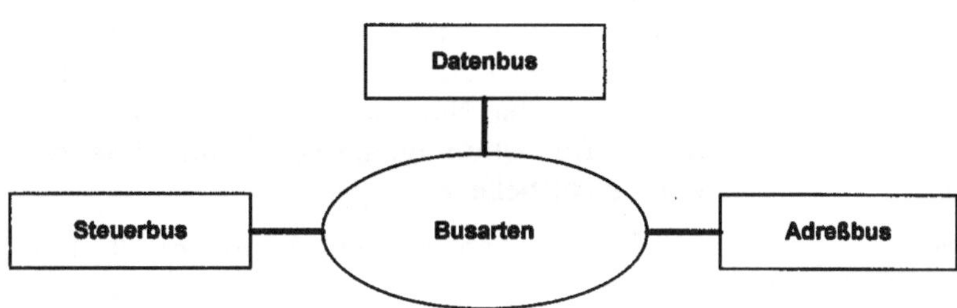

Der Datenbus ist für die Übertragung von Befehlen und Daten zuständig. Über diesen Bus werden also die größten Datenpakete transportiert.

Für die Adressierung der verfügbaren Speicherstellen wird der Adreßbus eingesetzt. Die Breite des Adreßbusses bestimmt die maximale Größe des Arbeitsspeichers. Ist der Adreßbus z.B. 32 Bit breit, kann der Arbeitsspeicher maximal 4 GB ($=2^{32}$ Bytes) groß sein.

Der Steuerbus überträgt Signale für die angeschlossenen Geräte (z.B. Systemunterbrechungen).

Schnittstellen

Die Übertragung von Daten an und von Geräten, die an die Zentraleinheit angeschlossen sind, erfolgt über Schnittstellen.

Bild 3.27:
Schnittstellen

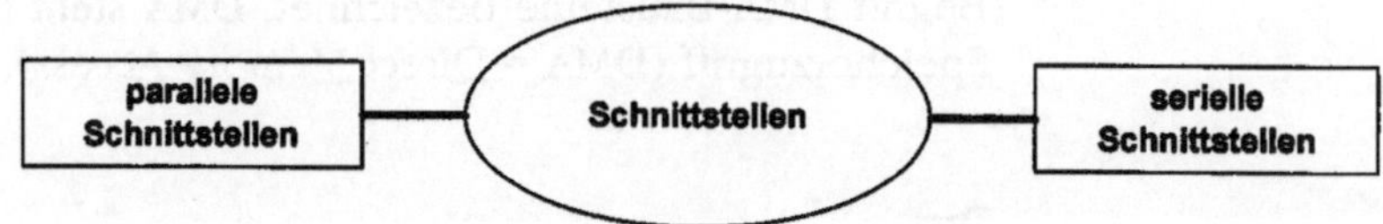

parallele Schnittstellen

Die parallelen Schnittstellen zeichnen sich durch eine Bit-parallele Übertragungstechnik aus. Sie sind in der Lage, acht Bits (ein Byte) gleichzeitig zu übertragen. Die parallelen Schnittstellen werden vor allem für den Anschluß von Druckern eingesetzt. Zusätzlich werden sie auch als Anschluß für externe Speichermedien (z.B. externes, transportables Diskettenlaufwerk) genutzt. Im Computer können mehrere parallele Schnittstellen eingesetzt und durch eine Numerierung unterschieden werden (LPT1, LPT2, LPT3). Der Übertragungsweg kann ohne weitere Signalverstärkung nicht beliebig lang sein.

serielle Schnittstellen

Die seriellen Schnittstellen übertragen die Daten bitweise hintereinander. Ein Byte wird also in einer Sequenz von acht Bit der Reihe nach übertragen. An die seriellen Schnittstellen können u.a. folgende Geräte angeschlossen werden:

- Maus,
- Modem,
- Drucker,
- Lichtstift,
- Grafiktablett.

Die seriellen Schnittstellen werden durchnumeriert (COM1, COM2, COM3, COM4). Die Übertragungslänge ist unverstärkt erheblich länger als bei parallelen Schnittstellen. Dadurch können z.B. auch räumlich entfernt stehende Drucker angesprochen werden.

Mainboard/Motherboard

Der Arbeitsspeicher, der Festwertspeicher, die Ein- und Ausgabewerke und die Schnittstellen sind auf einer Grundplatine untergebracht, die als Mainboard oder Motherboard bezeichnet wird.

Auf dem Mainboard befinden sich Steckplätze, die für Erweiterungen vorgesehen sind. Erweiterungen sind Komponenten für die Ansteuerung von externen Geräten (Peripheriegeräten). Folgende Erweiterungskarten kommen z.B. in Betracht:

- Grafikkarte,
- Disketten- und Festplattencontroller,
- Netzwerkkarte,
- Soundkarte.

Die Karten werden in die Erweiterungssteckplätze gesteckt. Am Gehäuse können Abdeckblenden entfernt werden, damit die bei einigen Karten vorhandenen Anschlüsse für Verbindungskabel zugänglich werden, z.B.:

- Monitorkabel bei Grafikkarten,
- Netzwerkkabel bei Netzwerkkarten,
- Mikrofonkabel bei Soundkarten.

Gehäuseform

Je nach Arbeitsplatz und Einsatzzweck werden die PC mit unterschiedlichen Gehäusen ausgestattet. Bei den Gehäusen werden folgende Formen unterschieden:

- Slimline:
  Niedriges Gehäuse, das direkt unter dem Monitor steht,
- Minitower:
  Aufrecht stehendes Gehäuse kleiner Bauhöhe,
- Miditower:
  Aufrecht stehendes Gehäuse mittlerer Bauhöhe,
- Bigtower:
  Aufrecht stehendes Gehäuse großer Bauhöhe.

Die Größe des Gehäuses ist von der Anzahl der Geräte abhängig, die zum Einsatz kommen. Ein Bigtower kann die größte Anzahl an Geräten aufnehmen (z.B. Festplattenlaufwerke, CD-ROM-Laufwerk, Magnetbandlaufwerk).

3.2.5 Externe Speicher

Externe Speicher sind Funktionseinheiten, die zur längerfristigen Aufbewahrung von Daten dienen, sie werden auch als Datenträger bezeichnet. Durch die Einbeziehung der externen Speicher erweitert sich das Grundmodell einer Datenverarbeitungseinrichtung wie folgt:

Bild 3.28: Grundmodell einer DV-Einrichtung Stufe 2

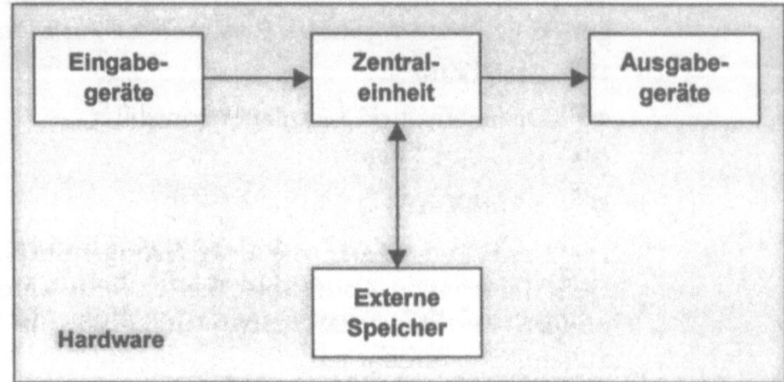

Externe Speicher können nach folgenden Kriterien unterschieden werden:

Bild 3.29: Ausgewählte Kriterien für externe Speicher

Kriterien	Ausprägung
Speichertechnik	magnetisch optisch magneto-optisch
Wiederbeschreibbarkeit	einmalig beschreibbar beliebig oft beschreibbar
Zugriffstechnik	sequentiell wahlfrei
Datenträgermobilität	transportabel fest eingebaut
Speicherkapazität	z.B Angabe in GB

Aufgrund der derzeit aktuellen Speichertechniken lassen sich magnetische und optische Datenträger unterscheiden. Einige Speichersysteme verbinden beide Techniken, um die Einsetzbarkeit, Flexibilität und Speicherkapazität zu erhöhen.

Ein weiteres Unterscheidungsmerkmal ist die Wiederbeschreibbarkeit. Einige Datenträger lassen nur ein einmaliges Beschreiben zu, andere sind beliebig oft zu beschreiben.

Bei der Zugriffstechnik werden sequentielle und wahlfreie Verfahren unterschieden. Der sequentielle Zugriff ist z.B. bei Magnetbändern anzutreffen. Um bestimmte Informationen eines Magnetbands zu lesen, muß das Band zunächst an die Stelle gespult werden, an der sich die benötigte Information befindet. Beim wahlfreien Zugriff kann ein direkter Zugriff auf die gewünschte Information erfolgen. Dies ist z.B. bei der CD-ROM möglich. Diese Unterscheidung ist aus dem Musikbereich bei der Benutzung von Musikkassetten und CD bekannt.

Ein weiteres Kriterium ist die Mobilität eines Datenträgers. Es gibt transportable Datenträger (z.B. Diskette, CD, Magnetband) und fest eingebaute Datenträger (z.B. Festplatte).

Auch die Speicherkapazität ist ein Unterscheidungskriterium für Datenträger. Sie gibt an, welches Datenvolumen auf einem Datenträger gespeichert werden kann.

ABC GmbH

In der ABC GmbH spielen Daten eine wichtige Rolle. Sie repräsentieren den betrieblichen Ablauf (z.B. Angebote, Aufträge, Rechnungen, offene Posten im Zahlungsverkehr) oder sind für die Produktion wichtig (z.B. Daten von Zulieferern).

Herr Kaufmann muß sich über die Art und die Beschaffenheit der für die ABC GmbH erforderlichen Datenträger genau im klaren sein, um richtige Einschätzungen bei der Beschaffung zu treffen. Ein wichtiges Kriterium bei diesen Überlegungen ist das Datenvolumen. Die Speicherkapazität muß ausreichend groß sein, um die gegenwärtigen und zukünftigen Daten adäquat speichern zu können.

Bei der Auswahl der Datenträger muß Herr Kaufmann auch die Problematik der Datensicherung berücksichtigen. Zudem muß beurteilt werden, inwieweit ein schneller Zugriff auf gesicherte Daten erforderlich ist. Dies betrifft vor allem Daten vergangener Geschäftszeiträume.

Im folgenden werden wesentliche Datenträger vorgestellt und erläutert. Dabei werden die im Bild 3.29 dargestellten Kriterien berücksichtigt.

Disketten

Bild 3.30: Charakterisierung von Disketten

Kriterium	Ausprägung
Speichertechnik	magnetisch
Wiederbeschreibbarkeit	beliebig oft
Zugriffstechnik	wahlfrei
Mobilität	transportabel
Speicherkapazität	gering (bei Standard-Disketten)

Disketten bestehen aus einer flexiblen Kunststoffscheibe, die mit einer magnetisierten Schicht versehen ist. Die Kunststoffscheibe wird durch ein festes Kunststoffgehäuse geschützt.

Bild 3.31: Diskette

Die Daten werden auf Disketten gespeichert, indem die elektrischen Signale in magnetische Informationen umgewandelt werden. Die zwei magnetischen Zustände ermöglichen das Speichern von Bits (0 und 1).

Formatierung

Bevor Daten auf die Diskette geschrieben werden können, ist eine Formatierung erforderlich. Durch die Formatierung wird die Diskette in Spuren in Form konzentrischer Kreise eingeteilt. Die Spuren wiederum werden in Sektoren unterteilt. Dadurch entstehen einzelne, adressierbare Speicherbereiche (Zuordnungseinheiten). Die eindeutigen Adressen ergeben sich aus Spurnummer und Sektornummer. Die Speicherkapazität dieser Bereiche ist gleich groß (z.B. 512 Byte).

Bild 3.32:
Formatierung einer Diskette

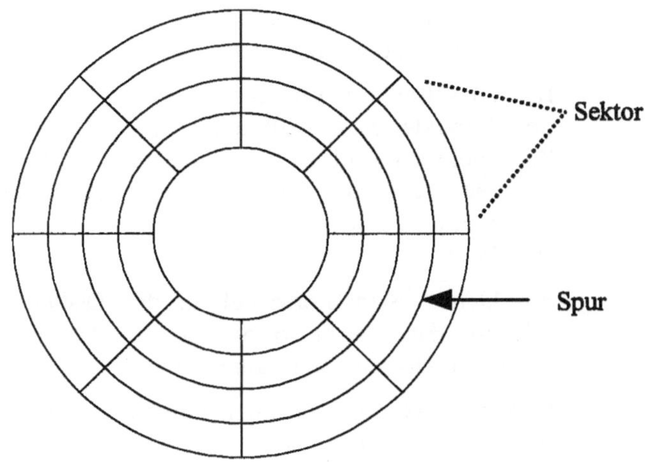

Eine Datei benötigt zum Speichern in der Regel mehrere Zuordnungseinheiten. Da die benötigte Anzahl der Zuordnungseinheiten nicht immer direkt hintereinander verfügbar ist, werden die Fragmente einer Datei in unterschiedlichen Diskettenbereichen abgelegt. Damit später eine auf verschiedene Speicherbereiche verteilte Datei wiedergefunden werden kann, wird auf der Diskette ein Inhaltsverzeichnis angelegt. Für das Inhaltsverzeichnis wird ein festgelegter Speicherbereich reserviert. Darüber hinaus werden noch andere, systemspezifische Bereiche erstellt. Die Formatierung erfolgt immer betriebssystembezogen. Die im Handel befindlichen Disketten sind in der Regel bereits vom Hersteller formatiert.

Diskettenarten

Disketten gibt es in unterschiedlichen Größen und Speicherkapazitäten. Die Größe wird in Zoll und/oder Zentimeter angegeben. Eine gängige Größe beträgt 3,5 Zoll bzw. 8,89 Zentimeter und verfügt über eine Speicherkapazität von 1,44 MB. Die Speicherkapazität einer HD-Diskette (High Density = hohe Schreibdichte) läßt sich z.B. wie folgt errechnen:

80 Spuren x 18 Sektoren x 2 Seiten x 512 Bytes je Zuordnungseinheit = 1.474.560 Bytes (entspricht 1,44 MB)

Für das Schreiben auf und das Lesen von Disketten werden Diskettenlaufwerke eingesetzt. Beim Einlegen einer Diskette wird ihre Schiebevorrichtung automatisch zur Seite geschoben, damit der Schreib-/Lesekopf auf die Magnetscheibe zugreifen kann. Der Schreib-/Lesekopf greift auf beide Seiten der Diskette zu. Bei Zugriff auf die Diskette wird die Kunststoffscheibe durch das Laufwerk in Rotation versetzt.

Das Diskettenlaufwerk ist über ein mehradriges Datenkabel mit der Zentraleinheit verbunden. Die Kommunikation zwischen Zentraleinheit und Diskettenlaufwerk wird über den Controller geregelt. Der Controller ist entweder als separate Platine mit dem Mainboard verbunden oder bereits direkter Bestandteil des Mainboards.

Ein kleiner Kunststoffriegel an der Diskette dient dem Überschreibschutz: Ist er so verschoben, daß eine Öffnung sichtbar ist, ist die Diskette schreibgeschützt.

Disketten werden vorrangig eingesetzt, um Daten auf die Festplatte zu übertragen oder von der Festplatte zu sichern. Darüber hinaus können Disketten als mobile Datenträger eingesetzt werden, um Daten von einem Computer zu einem anderen zu übertragen.

Zur Erhöhung der Speicherkapazität werden von verschiedenen Herstellern spezielle Laufwerke angeboten. Diese benötigen eigens dafür abgestimmte Datenträger. Einige dieser Speziallaufwerke sind auch in der Lage, konventionelle Disketten zu lesen und zu beschreiben.

ABC GmbH

Herr Kaufmann ist von der Speicherkapazität einer Diskette nicht begeistert. Als zusätzliche Möglichkeit bietet der Händler Speziallaufwerke an. Er weist jedoch darauf hin, daß es keinen einheitlichen Standard gibt, sondern herstellerspezifische Fabrikate. Die Datenträger unterschiedlicher Hersteller können also nicht immer untereinander ausgetauscht werden. Einige dieser Laufwerke können konventionelle Disketten lesen, andere benötigen spezielle Datenträger, so daß ein Bearbeiten der normalen Disketten ausgeschlossen ist. Herr Kaufmann entscheidet sich für Laufwerke, die Standarddisketten und Spezialdisketten lesen und beschreiben können.

Festplatten

Bild 3.33:
Charakterisierung von Festplatten

Kriterium	Ausprägung
Speichertechnik	magnetisch
Wiederbeschreibbarkeit	beliebig oft
Zugriffstechnik	wahlfrei
Mobilität	fest eingebaut (Ausnahme: spezielle Wechselplattensysteme)
Speicherkapazität	hoch (Gigabyte-Bereich)

Bei einer Festplatte handelt es sich – wie bei einer Diskette – um einen magnetischen Datenträger. Sie besteht aus mehreren Metallscheiben, die übereinander angeordnet sind. Die Metallscheiben besitzen eine magnetisierbare Oberfläche. Eine kammförmig angeordnete Schreib-/Leseeinheit erzeugt die notwendige Magnetisierung (Schreiben) bzw. erkennt die vorhandene Magnetisierung (Lesen):

Bild 3.34:
Aufbau einer Festplatte

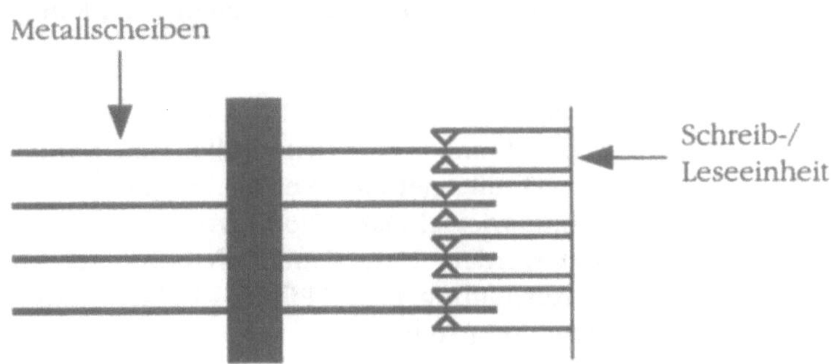

Das Festplattenlaufwerk liest bzw. beschreibt immer zuerst alle übereinander liegenden Spuren. Erst dann wird die Schreib-/Leseinheit weiterbewegt. Die jeweils übereinander liegenden Spuren werden als Zylinder bezeichnet.

Formatierung

Ebenso wie die Kunststoffscheibe der Diskette werden die Metallscheiben der Festplatte durch einen Formatierungsvorgang in Spuren und Sektoren eingeteilt. Die Schreibdichte ist jedoch wesentlich höher, d.h. die Spuren liegen dichter beieinander als bei Disketten. Daraus resultiert eine wesentlich größere Speicherkapazität. Die Speicherkapazitäten moderner Festplatten liegen im Gigabyte-Bereich.

Im Gegensatz zum Diskettenlaufwerk rotiert das Festplattenlaufwerk bei eingeschaltetem Computer permanent. Die Rotationsgeschwindigkeit ist darüber hinaus wesentlich höher als bei Diskettenlaufwerken. Diese beiden Faktoren führen zu einer erheblich geringere Zugriffszeit auf die Daten. Die Zugriffszeiten werden in Millisekunden angegeben.

Festplatten sind in der Regel fest eingebaute Speichersysteme. Für mobile Einsatzzwecke werden auch spezielle Wechselplattensysteme angeboten.

Controller

Das Festplattenlaufwerk ist wie das Diskettenlaufwerk an den Controller angeschlossen. Der Controller regelt die Kommunikation zwischen Datenträger und Zentraleinheit.

Auf der Festplatte befinden sich das Betriebssystem und alle eingesetzten Programme. Weiterhin werden auf der Festplatte die vom Anwender erzeugten Daten gespeichert (z.B. Stammdaten, Bewegungsdaten, Texte, Tabellen, Grafiken).

ABC GmbH

Bei der Frage nach der PC-Ausstattung spielt die Kapazität der Festplatte eine wesentliche Rolle. Herr Kaufmann wird deswegen vom Händler gefragt, welche Programme installiert werden sollen und wieviel Daten vorliegen und in den nächsten Jahren erzeugt werden. Herr Kaufmann erfährt durch diese Fragen, daß die Ausstattung eines PC in direktem Zusammenhang mit der Anwendung steht.

Da ein PC-Netzwerk geplant ist und die Programme und Daten zentral organisiert werden sollen, muß der zentrale PC – der sogenannte Server – über eine entsprechend große Festplatte verfügen. Die Arbeitsplatzrechner sollen ebenfalls mit Festplatten ausgestattet werden, um lokale Speicherungen zu ermöglichen.

Bei einem Netzwerk werden diese Platten als lokale Festplatten bezeichnet.

Eine konkrete Entscheidung möchte Herr Kaufmann erst treffen, wenn er einen Überblick über die einzusetzenden Programme besitzt.

Magnetbänder (Streamer)

Bild 3.35: Charakterisierung von Magnetbändern

Kriterium	Ausprägung
Speichertechnik	magnetisch
Wiederbeschreibbarkeit	beliebig oft
Zugriffstechnik	sequentiell
Mobilität	transportabel
Speicherkapazität	hoch (Gigabyte-Bereich)

Magnetbänder besitzen konstruktionsbedingt einen sequentiellen Zugriff. Um bestimmte Daten schreiben oder lesen zu können, muß daß Band an die entsprechende Stelle gespult werden. Die Zugriffsgeschwindigkeit ist im Vergleich zu magnetischen Datenträgern mit wahlfreiem Zugriff langsam. Aus diesem Grund werden Magnetbänder in erster Linie zu Datensicherungs- und Archivierungszwecken eingesetzt.

ABC GmbH

Ein PC in der DV-Abteilung der ABC GmbH wird mit einem Streamer-Laufwerk ausgestattet, um eine regelmäßige Datensicherung zu ermöglichen.

CD-ROM

Bild 3.36: Charakterisierung von CD-ROM

Kriterium	Ausprägung
Speichertechnik	optisch
Wiederbeschreibbarkeit	nicht wiederbeschreibbar
Zugriffstechnik	wahlfrei
Mobilität	transportabel
Speicherkapazität	680 MB (bei DVD im GB-Bereich)

Die Bezeichnung CD-ROM steht für Compact Disk - Read Only Memory. Es handelt sich somit um einen kompakten Datenträger, der nur gelesen werden kann. Die Daten werden in einem einmaligen Herstellungsprozeß vom jeweiligen Hersteller auf den Datenträger geschrieben. Über ein CD-ROM-Laufwerk können die Daten gelesen werden. Ein CD-ROM-Datenträger ist nicht überschreibbar.

Bild 3.37: CD-ROM

Die bitweise Speicherung von Daten erfolgt durch Erstellung von Vertiefungen (Pits). Die Pits sind in einer spiralförmigen Spur angeordnet. Die Spur ist in Sektoren unterteilt. Die Sektoren sind alle gleich lang. Zum Lesen der Daten tastet der Laserstrahl des Laufwerks die CD-Oberfläche ab. Dabei werden die Vertiefungen durch verändertes Reflexionsverhalten erkannt. Diese Informationen werden in elektrische Signale umgewandelt.

Speicherkapazität

Die Speicherkapazität einer CD-ROM liegt bei 680 MB. Bei dem Nachfolgesystem DVD (Digital Video Disk) bewegt sie sich im GB-Bereich, um z.B. speziell den höheren Speicherungsanforderungen im Multimediabereich gerecht zu werden.

Der Vergleich mit CD-ROM-Laufwerken der ersten Generation bildet die Basis für die Angabe der Geschwindigkeit heutiger CD-ROM-Laufwerke. Die Geschwindigkeit wird durch einen entsprechenden Faktor angegeben, z.B. 32fach. Wie die magnetischen Laufwerke ist auch das CD-ROM-Laufwerk an den Controller angeschlossen.

ABC GmbH

Herr Kaufmann bekommt seit kurzem von einigen Lieferanten statt Katalogen CD-ROM zugeschickt. In einem Schreiben weist ein Lieferant auf die Vorteile hin:

- kompaktes Format,
- günstigere Herstell- und Versandkosten,
- direkte digitale Nutzung der Daten von Seiten des Kunden.

Herr Kaufmann sieht darüber hinaus weitere Einsatzmöglichkeiten von optischen Datenträgern: Aufgrund der Kosten für Telefonauskünfte lohnt sich eventuell der Einsatz einer Telefon-CD, auf der alle Telefonnummern Deutschlands gespeichert sind.

Zur Unterstützung seiner Marketing-Aktivitäten interessiert sich Herr Kaufmann für eine Firmen-CD, auf der alle Firmen Deutschlands mit Zusatzangaben wie Branche, Firmengröße, Umsatz etc. gespeichert sind.

Weitere optische Datenträger

ABC GmbH

Herr Kaufmann ist von den Möglichkeiten, die ihm der Einsatz der CD-Datenträger bietet, überzeugt. Jedoch kann er mit seinem CD-ROM-Laufwerk keine eigenen CD-ROM-Datenträger herstellen. Er möchte die Produkte der ABC GmbH aber auch auf CD-ROM anbieten, so wie dies seine Lieferanten praktizieren.

CD-Writer

Dafür benötigt er einen CD-Writer. Es handelt sich hierbei um ein Speziallaufwerk, das in der Lage ist, sogenannte CD-Rohlinge (CD-R = CD-Recordable) einmalig zu beschreiben. Nach Abschluß des Schreibvorgangs wird die CD-R versiegelt und kann dann nur noch gelesen werden.

Herr Kaufmann kann z.B. seine Produkte in Form eines Kataloges auf eine CD-R schreiben und dann an seine Kunden weitergeben. Darüber hinaus kann er seine Unternehmensdaten auf einer CD-R sichern.

CD-Writer können auch als normales CD-Laufwerk benutzt werden, um CD-ROM zu lesen. Der Lesevorgang ist jedoch langsamer als bei reinen CD-ROM-Laufwerken.

MO

Es gibt auch optische Datenträger, die beliebig oft beschrieben werden können. Dabei werden zwei unterschiedliche Techniken eingesetzt. Die eine benutzt ein magnetisches Verfahren, um Daten zu speichern. Die unterschiedliche Polarität wird vom Laser abgetastet und digital umgewandelt. Da dieses Verfahren magnetische und optische Techniken vereint, werden diese Geräte MO-Laufwerke genannt. Das „M" steht für magnetisch (Magnetical), das „O" für optisch (Optical).

PD

Die andere Technik setzt anstelle einer magnetischen Schicht ein Material ein, das bei einer bestimmten Temperatur besondere Strukturen bildet, die für die duale Codierung benutzt werden. Diese Geräte werden im Hinblick auf die beiden Strukturzustände, die das Material einnehmen kann, PD-Laufwerke genannt (Phase Change Dual).

Beide Verfahren haben den Vorteil, daß die Daten wesentlich kompakter gespeichert werden können. Ein Laser kann wesentlich feiner arbeiten als ein magnetischer Schreib-/Lesekopf. Dadurch erhöht sich die Speicherkapazität.

Speziell für Filme (z.B. Spielfilme) werden weitere optische Datenträger angeboten, die für die Zwecke des Herrn Kaufmann allerdings zur Zeit uninteressant sind. Bei diesen Datenträgern handelt es sich um die Laserdisk und die CD-I (Compact Disk Interactive). Sie werden mit speziellen Geräten abgespielt.

Optische Datenträger werden auch in Form von Speicherkarten angeboten. Die Speicherkapazität ist wesentlich höher als bei magnetischen Karten. Sie können nur einmal beschrieben werden. Sie eignen sich dadurch vor allem für den Einsatz als unveränderliche Dokumente, Archive, Ausweise, etc. [vgl. 5, S. 632ff.]

Weitere Datenträger

Der Hardware-Markt hat noch weitere Datenträger für unterschiedlichste Einsatzbereiche zu bieten.

Eine Speichertechnologie, die vor allem im Bereich der tragbaren PC (Notebooks) eingesetzt wird, ist die der PC-Karten. Auch hier gibt es wieder unterschiedliche Varianten. Das wesentliche ist das kleine Format und die Austauschbarkeit: Die PC-Karten werden einfach in eine Schnittstelle eingesetzt und wieder entfernt, um z.B. auf einem anderen PC zum Einsatz zu kommen oder um Daten auszutauschen.

ABC GmbH

Da die ABC GmbH auch Mitarbeiter im Außendienst hat, hält es Herr Kaufmann für sinnvoll, Notebooks anzuschaffen. Die Mitarbeiter können Aufträge direkt beim Kunden erfassen und abends im Betrieb auf den Zentralrechner übertragen. Dadurch entfallen die bisherigen Belege, die anschließend im Betrieb noch einmal erfaßt werden mußten. So werden Arbeitszeit eingespart und Übertragungsfehler vermieden.

3.3 Fragen und Aufgaben

1. Nennen Sie fünf Eingabegeräte.
2. Nennen Sie vier Unterscheidungskriterien für Scanner.
3. Was versteht man unter Auflösung eines Monitors und wie wird sie angegeben?
4. Nennen Sie sieben Leistungskriterien von Druckern und ihre jeweiligen Ausprägungen.
5. Welchen Drucker setzen Sie ein, wenn Sie ein gutes Schriftbild benötigen und durch Druckgeräusche wenig belästigt werden möchten?
6. Aus welchen Bestandteilen setzt sich die Zentraleinheit zusammen?
7. Der Arbeitsspeicher ist ein flüchtiger Speicher. Was ist darunter zu verstehen?
8. Nennen Sie die drei Busarten und erläutern Sie kurz ihre Aufgaben.
9. Nennen Sie zwei Datenträger mit magnetischer Speichertechnik.
10. Worin unterscheiden sich die sequentielle und die wahlfreie Zugriffstechnik bei Datenträgern?
11. Warum ist die Zugriffszeit bei einer Festplatte wesentlich kürzer als bei einer Diskette?

4 Software

4.1 Einführendes Beispiel

ABC GmbH

Nachdem Herr Kaufmann sich einen Überblick über Hardware-Komponenten verschafft hat, muß er sich im nächsten Schritt Gedanken über die notwendige Software machen. Er überlegt, für welche Aufgabenbereiche er z.B. Software einsetzen möchte:

- Korrespondenz (Geschäftsbriefe),
- Erstellung von Broschüren und Produktbeschreibungen,
- Erstellung von Protokollen und Vermerken,
- Erstellung von Tabellen, Berechnungen,
- Erstellung von Diagrammen,
- Erstellung von Präsentationen,
- Terminplanung,
- Adressenverwaltung,
- Faxversand,
- Zugang zum Internet,
- Materialwirtschaft,
- Finanzbuchhaltung,
- Kostenrechnung,
- Personalwesen.

Eine wichtige Frage ist auch, welches Betriebssystem zum Einsatz kommen soll. Herr Kaufmann legt Wert auf eine möglichst einfache Benutzeroberfläche, um eine hohe Akzeptanz auf Seiten der Mitarbeiter zu erreichen.

Software und Hardware stehen in einem engen Verhältnis zueinander. Für den Einsatz bestimmter Software ist häufig eine bestimmte Hardware-Konfiguration Voraussetzung. Entscheidungen über Hardware- und Softwareeinsatz können also nur im Zusammenhang getroffen werden.

4.2 Überblick

Die Programme, die auf einem Computer eingesetzt werden, werden als Software bezeichnet. Software wird in Systemsoftware und Anwendungssoftware unterschieden.

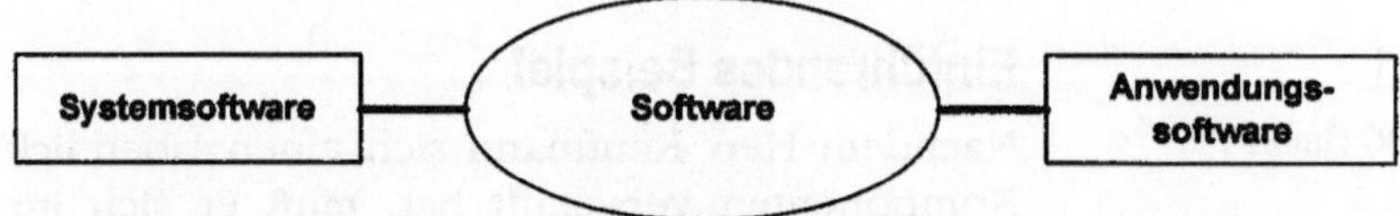

Bild 4.1:
Software

4.3 Systemsoftware

Die Programme der Systemsoftware enthalten Befehle zur Inbetriebnahme, Steuerung und Kontrolle des Computers. Die Systemsoftware regelt das Zusammenspiel der Hardwarekomponenten und bildet den Übergang zwischen Hardware und Anwender. Die folgende Abbildung erweitert das Grundmodell einer DV-Einrichtung um die Systemsoftware:

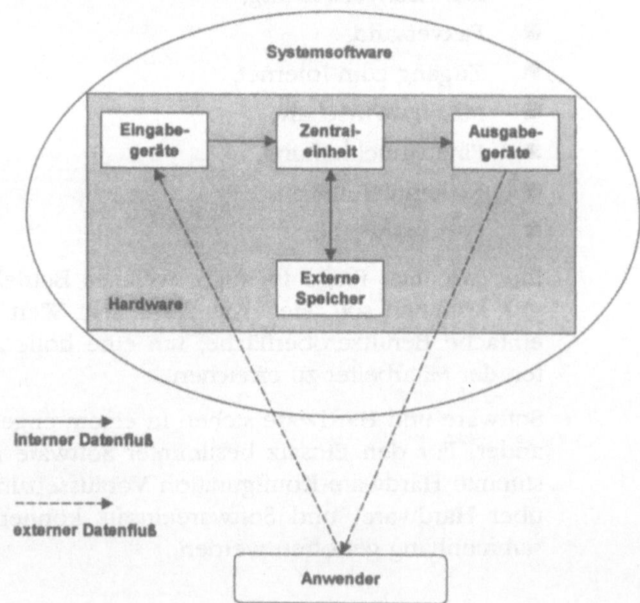

Bild 4.2:
Grundmodell einer DV-Einrichtung Stufe 3

In einer umfassenden Darstellung können folgende Einzelprogramme zur Systemsoftware gezählt werden [in Anlehnung an 10, S. 98]:

Bild 4.3: Systemsoftware

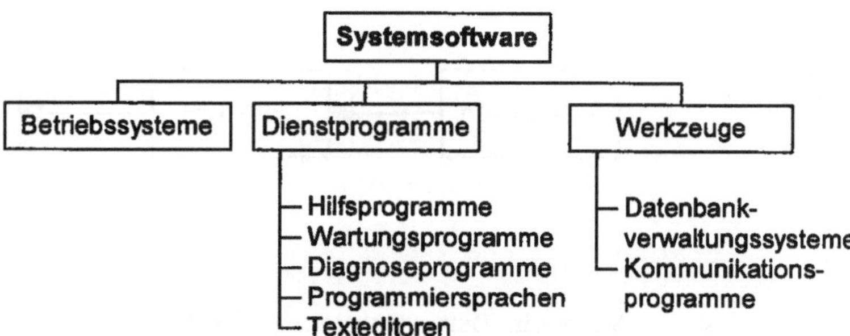

4.3.1 Betriebssysteme

Betriebssysteme ermöglichen, daß mit Computern überhaupt gearbeitet werden kann. Je nach Komplexität der Hardware und der Aufgabenstellungen werden unterschiedlich komplexe Betriebssysteme angeboten. Auf der untersten Ebene befinden sich sogenannte Einplatzsysteme (z.B. MS-DOS, MS-Windows), die für den Einsatz eines einzelnen Computers hergestellt wurden. In die oberste Kategorie der Komplexität fallen Betriebssysteme für die Verwaltung von Mehrplatzsystemen und vernetzten Systemen. Hier müssen unterschiedlich viele Computer koordiniert und viele Anwender verwaltet werden.

Bei der Beschreibung der Beziehung zwischen Hardware und Betriebssystem erfolgt im weiteren Verlauf eine Beschränkung auf die Rechnerklasse der PC.

Systemstart

Nach dem Einschalten eines PC (Systemstart) wird zunächst ein Selbsttest der Hardware durchgeführt. In diesem Selbsttest werden die angeschlossenen Komponenten, wie z.B. Laufwerke und Tastatur, geprüft. Des weiteren erfolgt eine Prüfung des RAM-Speichers und der Schnittstellen. Ist der Test fehlerfrei durchlaufen, wird ein kleines Startprogramm automatisch aufgerufen, das sich im ROM-Speicher befindet.

Das Startprogramm sucht nach einem Betriebssystem. Die Suche beginnt – je nach Einstellung – auf dem Disketten-, dem Festplatten- oder CD-ROM-Laufwerk. Das Startprogramm erkennt das Betriebssystem an einer ganz bestimmten Kennzeichnung.

Bild 4.4: Systemstart

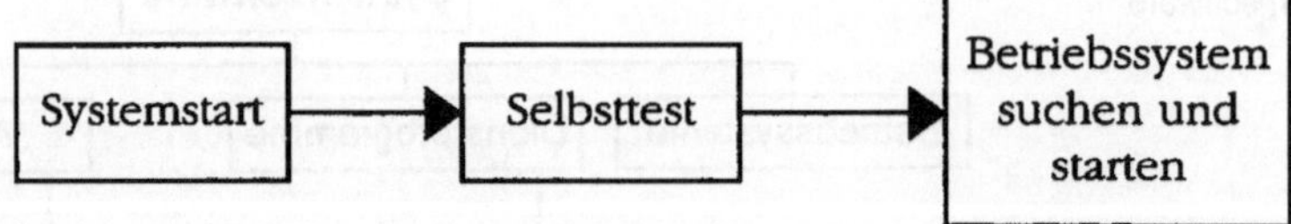

Wird ein Betriebssystem gefunden, übergibt das Startprogramm die Kontrolle an dieses Betriebssystem, das nun die Steuerung der weiteren notwendigen Prozesse übernimmt.

Dieser Vorgang verdeutlicht, daß die PC nicht ausschließlich für ein bestimmtes Betriebssystem hergestellt werden.

Aufgaben eines Betriebssystems

Betriebssysteme erfüllen ein vielfältiges Aufgabenspektrum:

Bild 4.5: Aufgaben eines Betriebssystems

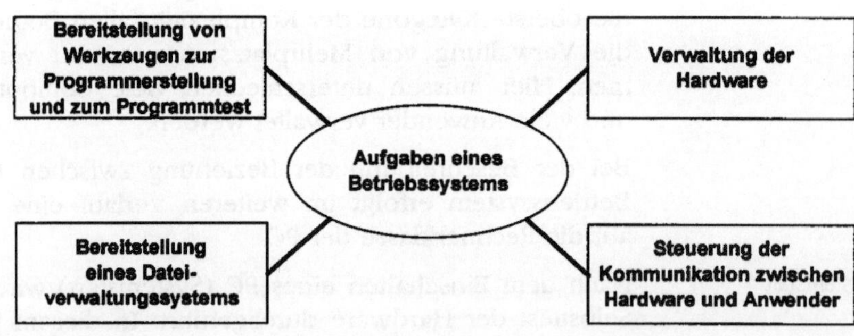

Verwaltung der Hardware

Das Betriebssystem verwaltet die zur Verfügung stehende Hardware (Datenträger, Arbeitsspeicher, Tastatur, Maus, Monitor, etc.) und regelt die Kommunikation dieser Komponenten.

Steuerung der Kommunikation zwischen Hardware und Anwender

Des weiteren dient das Betriebssystem zur Steuerung der Kommunikation zwischen Hardware und Anwender. Es stellt eine Vielzahl von Programmen zur Verfügung, die im Prozessor und in Zusatzkomponenten befindliche Befehle in Maschinensprache durch eine auf die menschliche Kommunikation ausgerichtete Befehlssprache nutzbar machen. Treten Probleme auf (z.B. die Diskette ist voll, der Drucker hat kein Papier) oder führt der Anwender falsche Eingaben durch, reagiert das Betriebssystem mit Fehlermeldungen, die eine entsprechende Reaktion des Anwenders ermöglichen sollen.

Das Betriebssystem stellt dem Benutzer eine Benutzerschnittstelle zur Verfügung, die einen Dialog zwischen Hardware und Benutzer ermöglicht. Sie ist somit der Dolmetscher zwischen der Hardware und dem Benutzer. Sie kann die Form eines reinen Textbildschirms aufweisen oder als grafische Oberfläche mit Symbolen realisiert sein:

Bild 4.6: Benutzerschnittstelle

textorientiert

Ein typisches Beispiel eine Betriebssystems mit textorientierter Benutzerschnittstelle ist das System MS-DOS. Die Benutzerschnittstelle ist so aufgebaut, daß der Benutzer Befehlsworte eingeben muß, um Betriebssystembefehle auszuführen. So zeigt z.B. der Befehl

dir /p

den Inhalt des aktuellen Datenträgers seitenweise auf dem Bildschirm an. Der Benutzer ist bei dieser Art von Schnittstelle gezwungen, ein bestimmtes Vokabular zu beherrschen. Die einzelnen Befehle werden durch eine unterschiedliche Anzahl von zusätzlichen Argumenten (hier: /p) erweitert.

Ein einfaches Hilfesystem:

help dir oder dir /?

zeigt dem Benutzer den Zweck des Befehls sowie eine Liste der möglichen Argumente an.

Beim Betriebssystem UNIX sieht die Vorgehensweise im Textmodus ähnlich aus. Der Befehl

ls

zeigt den Inhalt des aktuellen Datenträgers an (ls = list). Auch UNIX bietet dem Anwender Hilfestellungen zu den Befehlen an. Die Eingabe

man ls

zeigt einen Hilfetext zum Befehl „ls" an. Dabei steht der Befehl „man" für „manual".

In diesen beiden textorientierten Systemen werden von dem Anwender jedoch gewisse Grundfertigkeiten verlangt. Er muß die Standardbefehle wie Vokabeln beherrschen. Das Hilfesystem allein kann dem Anwender nicht weiterhelfen, wenn dieser nicht grundsätzlich weiß, wie er mit dem System umzugehen hat. Hier liegt das Problem aller textorientierten Benutzerschnittstellen. Aus diesem Grund entwickelten die Softwarehersteller grafikorientierte Benutzerschnittstellen.

grafikorientiert

Eine grafikorientierte Benutzerschnittstelle soll dem Anwender die Bedienung des Computers wesentlich vereinfachen. Er muß keine Befehlsworte mehr lernen, sondern kann das Betriebssystem über Symbole und Menüs bedienen. Ein wesentliches Eingabegerät ist dabei die Maus, mit der ein Mauszeiger (z.B. Pfeil) auf dem Bildschirm bewegt werden kann. Wird der Mauszeiger auf ein Symbol gesetzt und eine Maustaste geklickt (bzw. doppelgeklickt), wird ein Prozeß, der durch das Symbol dargestellt wird, aktiviert.

Der Benutzer muß also Symbole erkennen können und feinmotorische Abläufe mit der Maus beherrschen. Das Betriebssystem mit seiner ganzen Komplexität wird in den Hintergrund gestellt. Die Bedienung wird dadurch deutlich vereinfacht. Ein Symbol sieht z.B. folgendermaßen aus:

Bild 4.7: Symbolschaltfläche

Dieses Symbol dient z.B. dazu, ein Fenster zu schließen oder ein Programm zu beenden.

Nach einer kurzen Einführung in die grundlegende Struktur der Oberfläche kann sich der Anwender viele Befehle intuitiv erarbeiten. Intuitiv meint, daß der Anwender denkt, „dieses Problem müßte ich doch eigentlich auf diese Art lösen können", und damit Erfolg hat. Hingegen lassen sich Befehle wie „dir" oder „ls" nicht derart erarbeiten, sie müssen vorab bekannt sein.

Bereitstellung eines Dateiverwaltungssystems

Zusätzlich stellt ein Betriebssystem ein Dateiverwaltungssystem zur Verfügung, mit dem

- Dateien und Ordner (Verzeichnisse) erstellt,
- Dateien und Ordner (Verzeichnisse) gelöscht,
- Dateien und Ordner (Verzeichnisse) benannt und umbenannt,
- Dateien und Ordner (Verzeichnisse) verschoben und
- Dateien und Ordner (Verzeichnisse) kopiert

werden können.

Das Verständnis für die Dateiverwaltung sowie der ordnungsgemäße Umgang mit dem Dateiverwaltungssystem bildet eine wesentliche Basis für den Umgang mit einem Computer. Insbesondere im Rahmen der betrieblichen Nutzung ist aufgrund der Vielfalt der Dateien eine Nutzung der Möglichkeiten eines Dateiverwaltungssystems unumgänglich.

Bereitstellung von Werkzeugen zur Programmerstellung und zum Programmtest

Je nach Art und Umfang des Betriebssystems werden dem Systemverwalter spezielle Werkzeuge zur Verfügung gestellt, um

- Programme zu erstellen (Compiler),
- Programme zu testen (Debugger) und
- Daten über ein Datenbanksystem zu verwalten.

Betriebsarten eines Betriebssystems

Die Betriebsarten eines Betriebssystems korrespondieren mit der zur Verfügung stehenden Rechnerklasse (Personal Computer, Workstation, Mittlere Datentechnik, Großrechner, Superrechner), mit der Anzahl der verbundenen Anwender und mit den eingesetzten Anwendungsprogrammen. Auf Grundlage dieser Wechselbeziehungen lassen sich folgende Betriebsarten unterscheiden [vgl. 5, S. 862ff.]:

Bild 4.8:
Betriebsarten eines Betriebssystems

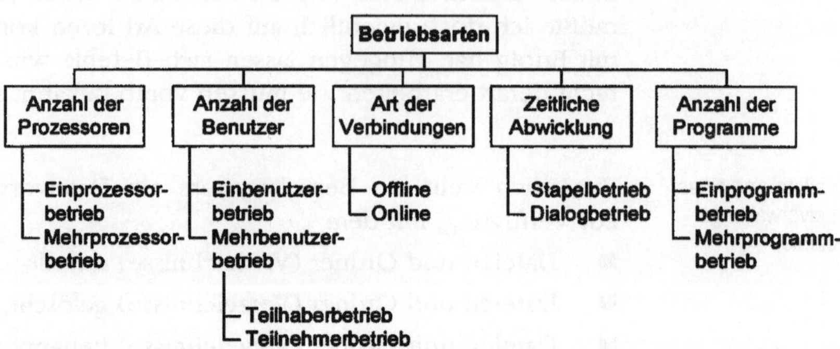

Anzahl der Prozessoren

Ein Einprozessorbetrieb liegt immer dann vor, wenn der Computer mit nur einem Prozessor ausgestattet ist. Dies ist bei den PC der Regelfall.

Bei der Lösung hochkomplexer und sehr rechenintensiver Aufgaben werden Computer mit mehreren Prozessoren eingesetzt. Dieser Mehrprozessorbetrieb erlaubt die Parallelverarbeitung von Arbeitsschritten. Das Betriebssystem verteilt Aufgaben und kümmert sich um die zeitliche Anpassung der einzelnen Abläufe. Dadurch kann die benötigte Rechenzeit um ein Vielfaches verkürzt werden.

Anzahl der Benutzer

Ein weiteres Kriterium ist die Anzahl der Benutzer. Wird ein Computer nur von einem Benutzer bedient, liegt der sogenannte Einbenutzerbetrieb vor. Dies ist der Fall, wenn die Mitarbeiter in einem Betrieb jeweils eigene, nicht miteinander verbundene PC benutzen. Wird eine Mittlere Datentechnik oder ein Großrechner eingesetzt, gibt es in der Regel einen zentralen Rechner, der von allen Benutzern genutzt wird. In diesen Fällen spricht man von Mehrbenutzerbetrieb. Die Qualität dieses Betriebs ist für die weitere Unterteilung von Bedeutung. Benutzen alle Anwender ein gemeinsames Programm mit einem gemeinsamen Datenbestand, arbeiten sie im Teilhaberbetrieb. Dies ist im Bereich der Mittleren Datentechnik oder bei Großrechnern üblich. Im Teilnehmerbetrieb hingegen arbeiten die Anwender mit unterschiedlichen Programmen und gegebenenfalls auch unterschiedlichen Datenbeständen. Sie haben wesentlich mehr Einflußmöglichkeiten auf das System als im Teilhaberbetrieb.

Art der Verbindung

Ein Offline-Betrieb liegt vor, wenn keine direkte Verbindung zwischen Computern oder peripheren Geräten besteht. Beispiel dafür sind Artikelkataloge eines Lieferanten auf Diskette oder CD-ROM (fehlende Computerverbindung zwischen Kunde und Lieferant). Im Unterschied dazu kann der Kunde beim Online-Betrieb z.B. direkt auf den Artikelstamm des Lieferanten zugreifen. Der Online-Betrieb gewährleistet eine hohe Aktualität. Wenn der Lieferant z.B. neue Artikel in sein Sortiment aufnimmt, kann der Kunde diese unmittelbar nachvollziehen.

Zeitliche Abwicklung

Ein weiteres Kritierium ist in der zeitlichen Abwicklung der Befehlsverarbeitung zu sehen. Im Stapelbetrieb werden immer wiederkehrende Arbeitsschritte festgelegt und zu bestimmten Zeitpunkten gestartet (z.B. Durchführung der Daueraufträge bei einer Bank). Im Dialogbetrieb wird der Ablauf durch interaktive Abläufe gesteuert. Der Dialogbetrieb läuft zwischen Mensch und Computer oder – in der Prozeßverarbeitung – zwischen Computern und Maschinen (Echtzeitverarbeitung).

Anzahl der Programme

Ein Einprogrammbetrieb liegt vor, wenn nur mit einem Programm gearbeitet werden kann. Das bedeutet, es befindet sich immer nur ein Programm im Arbeitsspeicher des PC. Um mit einem anderen Programm zu arbeiten, muß zuvor das aktive Programm beendet werden. Im PC-Bereich wird dieser Betrieb mit dem Begriff Singletasking bezeichnet.

Ein Mehrprogrammbetrieb gestattet, daß mehrere Programme zur gleichen Zeit gestartet sein können. Das bedeutet, es können sich gleichzeitig mehrere Programme ganz oder teilweise im Arbeitsspeicher des PC befinden. Im PC-Bereich wird dieser Betrieb mit dem Begriff Multitasking bezeichnet.

Multitasking

Multitasking bedeutet, daß ein Betriebssystem in der Lage ist, mehrere Prozesse quasi parallel zu bearbeiten. Bei Mehrprozessorsystemen ist eine echte Parallelverarbeitung möglich. Auf Systemen mit nur einem Prozessor können diese Funktionen nur nacheinander bearbeitet werden. Mit einem Zeitscheibenverfahren werden Zeiteinheiten der Rechenzeit auf mehrere Tasks oder Prozesse verteilt, wie im folgenden verdeutlicht wird:

Bild 4.9: Zeitscheibenverfahren

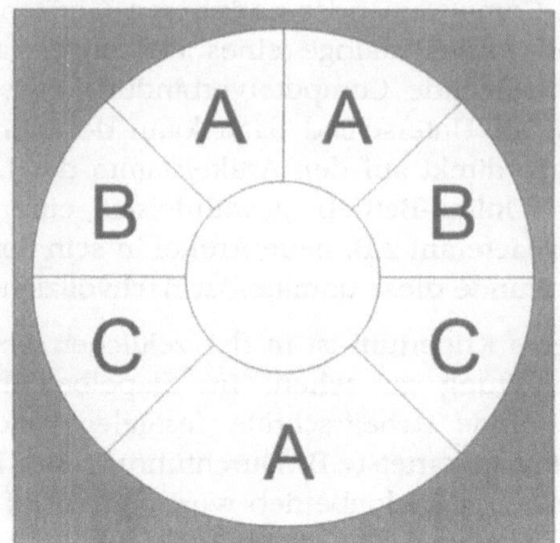

Den in Verarbeitung befindlichen Prozessen werden festgelegte Anteile der Zeitscheibe zugeordnet, die dann in der vorgegebenen Reihenfolge – hier ABCACBA – in Anspruch genommen werden können. Bei "Task A" könnte es sich z.B. um den Ausdruck eines Dokuments handeln. Durch die unterschiedliche Größe der Kreissegmente (hier: Task A) oder die wiederholte Aufführung einzelner Segmente (hier: 3 x Task A, 2 x Task B und 2 x Task C) ist eine Zuordnung von Prioritäten möglich.

Die Zeiteinheiten bewegen sich im Millisekundenbereich. Bei einem schnellen Prozessor wird dem Anwender der Wechsel der Prozesse in der Regel gar nicht bewußt.

nicht-präemptiv

Es werden nicht-präemptives und präemptives Multitasking unterschieden. Nicht-präemptives Multitasking bedeutet, daß der gerade in Ausführung befindliche Prozeß die Kontrolle über den Prozessor wieder selbst an das Betriebssystem übergibt. Dadurch kann es passieren, daß ein Prozeß den Prozessor sehr lange belegt und das Multitasking nur stockend oder gar nicht funktioniert.

präemptiv

Beim präemptiven Multitasking kann das Betriebssystem jederzeit eingreifen und einem Prozeß die Kontrolle entziehen. Dadurch können z.B. Leerlaufzeiten entdeckt werden und dazu genutzt werden, einen anderen Prozeß zu unterstützen. Die Prozesse werden in Threads (Unterprozesse) aufgeteilt, die wiederum Rechenzeit anfordern können.

Der gesamte Ablauf wird durch Prioritätssteuerung unterstützt. Wichtige Prozesse erhalten eine höhere Priorität und damit mehr Rechenzeit. Eine dynamische Steuerung sorgt dafür, daß Prozesse mit niedriger Priorität, die vielleicht selten oder nie Rechenzeit bekommen, im Laufe der Zeit durch eine Art Bonusverteilung eine höhere Priorität zugeteilt bekommen.

Eine hohe Priorität erhalten Threads der Dialogsteuerung. Wenn der Anwender in laufende Prozesse eingreift, wird ein entsprechender Dialog aktiviert.

ABC GmbH

Herr Kaufmann hat einen komplexen Ausdruck gestartet. Dadurch sind Anwendungsprogramm und Betriebssystem in einem hohen Maß ausgelastet. Die Daten müssen für den Druck aufbereitet werden und anschließend an den Drucker weitergegeben werden. Dazu muß das Betriebssystem mit dem Drucker kommunizieren. Der Drucker gibt dem Betriebssystem Signale, wann er mit der Aufbereitung und dem Ausdruck beschäftigt ist und wann er wieder Daten aufnehmen kann.

Angenommen Herr Kaufmann stellt nach dem Ausdruck der ersten Seite fest, daß er einen entscheidenden Fehler gemacht hat und möchte den Ausdruck abbrechen. Der Abbruch muß dem Betriebssystem mitgeteilt werden. Herr Kaufmann kann dies z.B. durch Anklicken der Befehlsschaltfläche „Ja“ in einem Druck-Dialogfenster realisieren:

Bild 4.10: Dialogfenster

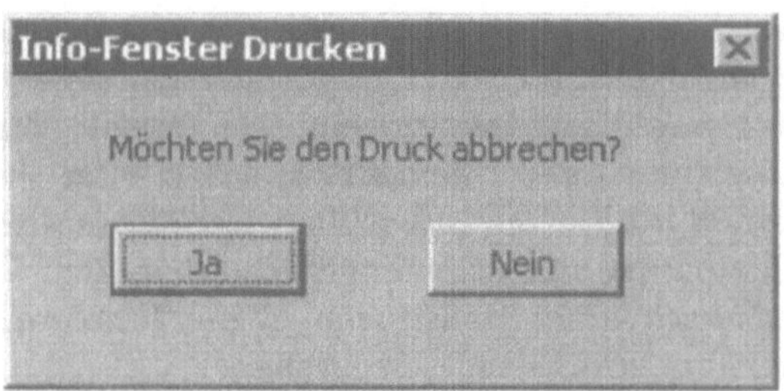

In diesem Moment wird eine Änderung der Prioritäten vorgenommen. Der Druck wird in der Bedeutung zurückgestuft, so daß jetzt ein anderes Programm in den Vordergrund gelangen kann, das für den Abbruch des Druckvorgangs sorgt.

4.3.2 Programmiersprachen

Jede Software enthält eine Vielzahl von Befehlen. Diese Befehle dienen zur Lösung spezifischer Aufgabenstellungen wie z.B.:

- Texterfassung,
- Textgestaltung,
- Erfassung von Angeboten,
- Sortieren von Artikeldaten.

Zur Entwicklung von Software für Computer werden Programmiersprachen eingesetzt. In Abhängigkeit von der Nähe zur Maschine (Prozessor) bzw. zum Anwender können Programmiersprachen wie folgt eingeteilt werden [vgl. 10, S. 102ff.]:

Bild 4.11: Programmiersprachen

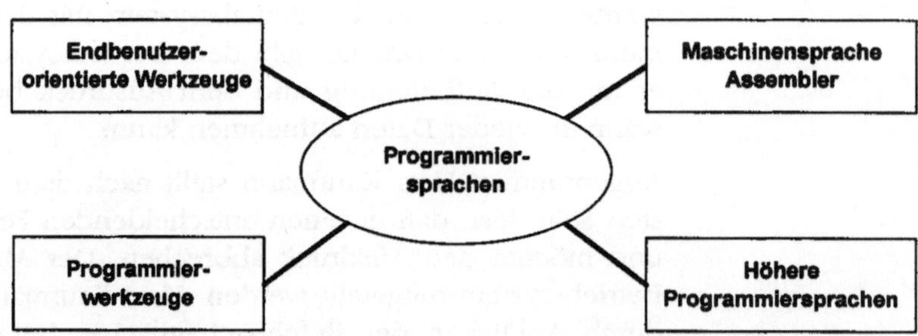

Maschinensprachen

Maschinensprachen sind – wie der Name andeutet – der Maschine am nächsten. Maschinensprachen müssen auf die jeweiligen Prozessoren abgestimmt sein. Die Befehle können ohne weitere Umsetzung oder Übersetzung sofort vom Prozessor verarbeitet werden, da sie nur aus Nullen und Einsen bestehen. Daraus resultieren jedoch schwierige Handhabung, fehlende Flexibilität und erschwerte Fehlersuche. Diese Problematik führte zur Entwicklung von Assemblersprachen.

Assemblersprachen

Assemblersprachen sind – ebenso wie Maschinensprachen – sehr prozessornah und auf die jeweiligen Prozessoren abgestimmt. Ihr Vorteil liegt jedoch in einem gedächtnisunterstützenden Befehlssatz. So lautet z.B. der Befehl zur Addition „add" (Englisch für addieren).

Höhere Programmiersprachen

Weiter entfernt vom Prozessor, näher zum Menschen, das ist die Charakterisierung der sogenannten „Höheren Programmiersprachen". Dies wird durch Anweisungen realisiert, die der Alltagssprache entnommen sind. Höhere Programmiersprachen sind dadurch besser verständlich. So kann die Berechnung des Bruttopreises z.B. folgendermaßen ausgedrückt werden:

Bruttoverkaufspreis = Nettoverkaufspreis + Mehrwertsteuer.

Am bekanntesten sind Sprachen wie

- FORTRAN
  (Formular Translation; speziell für technisch-wissenschaftliche Problemstellungen),
- COBOL
  (Common Business Oriented Language; die „kaufmännische" Programmiersprache),
- BASIC
  (Beginners All-Purpose Symbolic Instruction Code; die klassische Einstiegssprache),
- Visual BASIC
  (eine objektorientierte Version der Sprache BASIC),
- Pascal
  (die Sprache für die strukturierte Programmierung),
- C
  (maschinennahe Sprache und trotzdem anwenderorientiert, die Programmiersprache für Betriebssysteme wie UNIX, MS-DOS und Windows sowie für Anwendungssoftware),
- C++
  (die objektorientierte Weiterentwicklung von C).

Grundlegende Überlegungen

Bevor mit der eigentlichen Programmierung in der jeweiligen Sprache begonnen wird, sind grundlegende Überlegungen zur Programmstruktur und zum Programmablauf erforderlich. Die Ergebnisse dieser Überlegungen werden in Form von Struktogrammen oder Programmablaufplänen dargestellt. Struktogramme und Programmablaufpläne stellen die Problemlösung übersichtlich in grafischer Form dar. Sie dienen als Grundlage für eine systematische Programmierung und als Leitfaden für die Programmerstellung.

Angenommen, es soll ein Programm entwickelt werden, das dem Anwender ermöglicht, den Verkaufspreis eines Artikels und die gewünschte Anzahl einzugeben. Anschließend wird der Zahlungsbetrag berechnet und ausgegeben.

Die folgenden Abbildungen stellen ein Struktogramm und einen Programmablaufplan für dieses Beispiel dar:

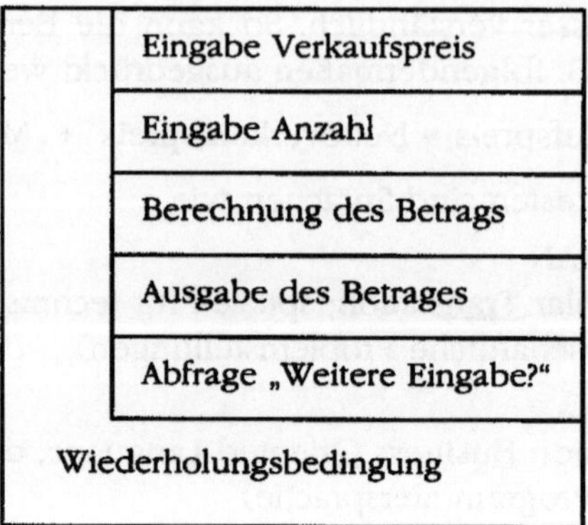

Bild 4.12:
Struktogramm

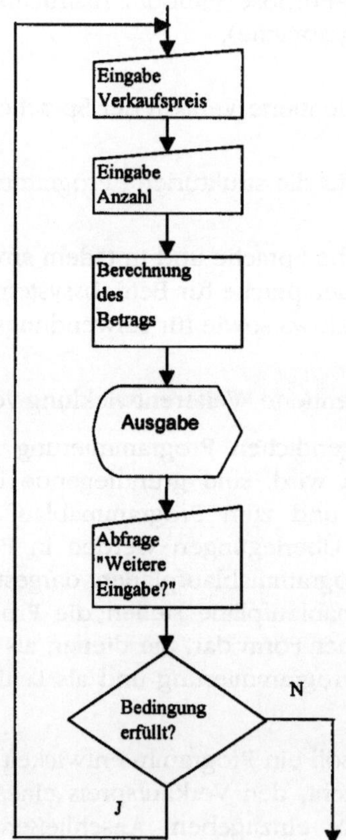

Bild 4.13:
Programmablaufplan

Im Struktogramm (Bild 4.12) werden zunächst die einzelnen Anweisungen in einem Strukturblock dargestellt. Dieser Strukturblock soll solange wiederholt werden, bis der Anwender auf die Frage „Weitere Eingabe?“ eine Verneinung eingibt. Der Strukturblock wird deshalb in eine Wiederholung (Schleife) eingebettet. Die Wiederholungsbedingung wird in diesem Beispiel im Anschluß an den Durchlauf des Strukturblocks geprüft.

Im Programmablaufplan wird der Programmentwurf mit unterschiedlichen grafischen Symbolen dargestellt. Auch hier erfolgt die Prüfung der Wiederholungsbedingung am Ende.

Sourcecode

Erst nach der formalen Darstellung des Problems durch ein Struktogramm oder durch einen Programmablaufplan wird der Programmcode (Programmanweisungen) geschrieben. Es handelt sich dabei um den sogenannten Quelltext (Sourcecode). Quelltexte können nicht von einem Prozessor verstanden werden.

Übersetzung

Der Quelltext muß daher in Maschinensprache übersetzt werden. Der Quelltext ist also – zumindest theoretisch – systemübergreifend einsetzbar. Erst der Übersetzungslauf erzeugt eine für den jeweiligen Prozessor angepaßte Maschinensprache.

Für die Übersetzung gibt es zwei verschiedene Verfahren:

- Interpreter,
- Compiler.

Bei einer Interpretersprache wird der Quelltext beim Programmstart Zeile für Zeile in Maschinensprache übersetzt. Das Programm stoppt, wenn es einen Fehler in einer Anweisung erkennt (z.B. einen Tippfehler).

Bei Compilersprachen wird der Quelltext vor dem Programmstart vollständig in Maschinensprache übersetzt. Erst wenn dieser Übersetzungslauf fehlerfrei durchlaufen ist, wird das Programm gestartet.

Programmierwerkzeuge

Zur Erleichterung der Programmentwicklung gibt es Hilfsmittel, die als Programmierwerkzeuge bezeichnet werden. Beispiele für Programmierwerkzeuge sind:

- Editoren zur Erfassung des Quelltextes (Texterfassungsprogramme mit gleichzeitiger Überprüfung der Eingaben auf Syntaxfehler und Hilfen zu Programmanweisungen),
- Programmgeneratoren zur Erstellung von Eingabemasken und Dialogfenstern,

- Programme zur nachträglichen Erstellung von Programm dokumentationen,
- Befehlsbibliotheken für die Erstellung und Verwaltung von Dateien.

Beispiel

Das folgende Beispiel eines Quelltextes (hier ohne Wiederholungsschleife) basiert auf der Programmiersprache Visual Basic in der VBA-Variante des Softwarepaketes Microsoft Office. Es handelt sich um ein Unterprogramm (Sub), das z.B. mit einer Schaltfläche verknüpft wird. Durch Mausklick auf diese Schaltfläche wird das Unterprogramm gestartet.

Bild 4.14: Visual Basic Programm (VBA)

Zeile	Programmcode
1	Sub s_Angebot( )
2	Dim VerkaufsPreis, Betrag As Single
3	Dim Menge As Integer
4	VerkaufsPreis = InputBox("Bitte geben Sie den Verkaufspreis ein:", "Verkaufspreis")
5	Menge = InputBox("Anzahl des Artikels", "Anzahl")
6	Betrag = VerkaufsPreis * Anzahl
7	MsgBox ("Betrag: " & Betrag)
8	End Sub

In Zeile 1 wird der Name des Unterprogrammes festgelegt. In der Klammer hinter dem Namen können gegebenenfalls Werte oder Variablen an das Programm übergeben werden. Das ist in diesem kleinen Beispiel nicht erforderlich.

In Zeile 2 werden zwei Variablen definiert, die Dezimalzahlen (Single) speichern können. In Zeile 3 wird eine Variable festgelegt, die Ganzzahlen (Integer) speichern kann. Wie im Kapitel 2 erläutert, haben Daten einen bestimmten Datentyp. Hier handelt es sich um numerische Daten, so daß mit ihnen mathematische Operationen zulässig sind.

Die Zeilen 4 und 5 beinhalten Dialoganweisungen. Durch die Anweisungen (InputBox) werden Dialogfenster erzeugt. Der Anwender wird aufgefordert, Eingaben durchzuführen:

Bild 4.15: Dialogfenster

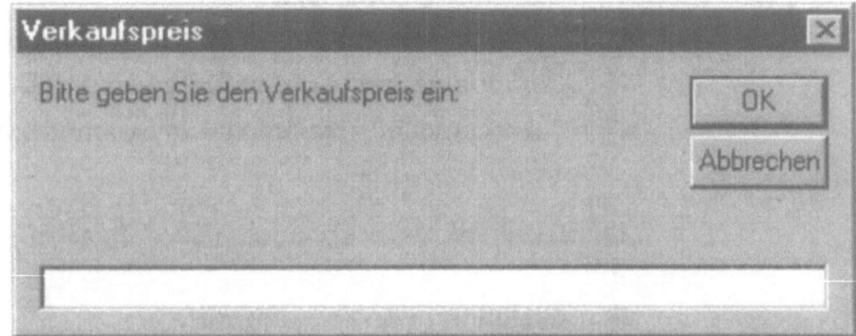

Der Anwender erfaßt z.B. den Verkaufspreis 450,20 DM. Im nächsten Dialogfenster gibt er z.B. die Anzahl 2 ein.

In Zeile 6 findet eine mathematische Operation statt. Die Inhalte der Variablen „VerkaufsPreis“ und „Anzahl“ werden multipliziert. Das Produkt (z.B. 900,40 DM) wird der Variablen „Betrag“ zugewiesen.

Zeile 7 enthält einen Ausgabebefehl. Der Inhalt der Variablen „Betrag“ wird zusammen mit dem Text „Betrag:“ ausgegeben. Der Anwender kann sich also das Ergebnis der Berechnung ansehen.

Zeile 8 beendet das Unterprogramm mit der Anweisung „End Sub“.

Selbst wenn die Höheren Programmiersprachen schon sehr nah an der Sprache der Anwender orientiert sind, ist dennoch ein lange andauernder Trainingsprozeß erforderlich. Zur weiteren Erleichterung für die Anwender wurden endbenutzerorientierte Werkzeuge entwickelt.

Endbenutzerorientierte Werkzeuge

Endbenutzerorientierte Werkzeuge sind Anwendungssyteme, die bereits auf konkrete Problemlösungen zugeschnitten sind. Derartige auf den Endbenutzer ausgerichtete Systeme sind deshalb wesentlich einfacher und weniger abstrakt in der Anwendung als Programmiersprachen.

Aus dieser konkreten Problemorientierung entstanden sogenannte Integrierte Systeme mit den Bestandteilen

- Textverarbeitung,
- Tabellenkalkulation,
- Diagrammerstellung,
- Datenbankverwaltung,
- Kommunikation (Datenübertragung) und
- Makrosprache (vereinfachte Programmiersprache).

Mit dieser Software können viele Aufgaben gelöst werden wie z.B:

- Erstellung von Serienbriefen (Textverarbeitung und Datenbankverwaltung),
- Erstellung von tabellarischen Auswertungen (Tabellenkalkulation),
- Erstellung von grafischen Auswertungen (Diagrammerstellung),
- Verwaltung von Adressen, Terminen etc. (Datenbankverwaltung),
- Durchführung von Programmanpassungen, Entwicklung individueller Funktionen (Makrosprache).

Der Lernaufwand für diese Werkzeuge ist geringer als bei den klassischen Programmiersprachen. Da diese Werkzeuge auf konkrete Anwendungen ausgerichtet sind, werden sie auch der Anwendungssoftware zugeordnet.

4.4 Anwendungssoftware

Die Anwendungssoftware baut auf der Grundlage der Systemsoftware auf. Die Systemsoftware ermöglicht z.B., daß Anwendungssoftware ausgeführt werden kann. Des weiteren nutzt die Anwendungssoftware bestimmte Funktionen des Betriebssystems, um z.B. Daten auszudrucken oder in Dateien zu speichern. Die Anwendungssoftware erweitert das Grundmodell einer Datenverarbeitungseinrichtung wie folgt:

Bild 4.16: Grundmodell einer DV-Einrichtung Stufe 4

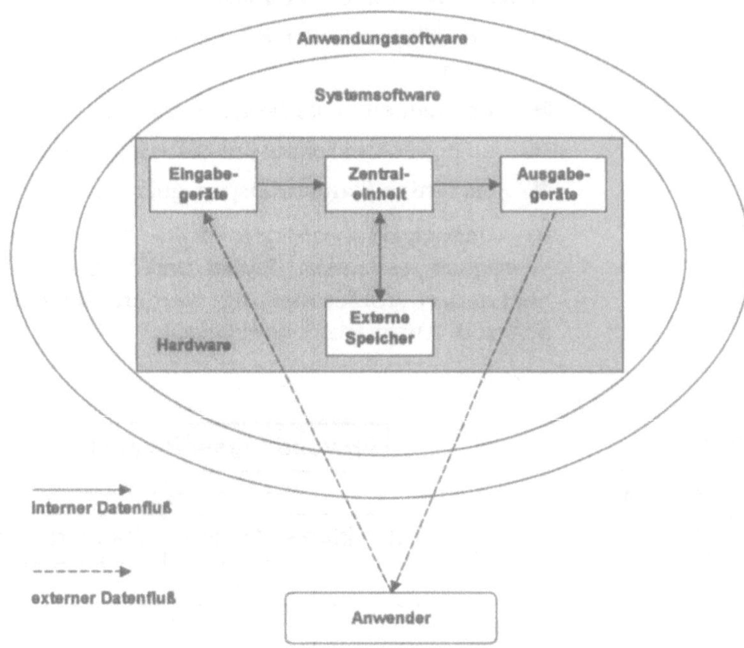

Anwendungssoftware bietet Lösungen für fachliche Aufgaben verschiedener Bereiche. Die folgende Abbildung zeigt eine strukturierte Auswahl bekannter Anwendungssoftware:

Bild 4.17: Anwendungssoftware

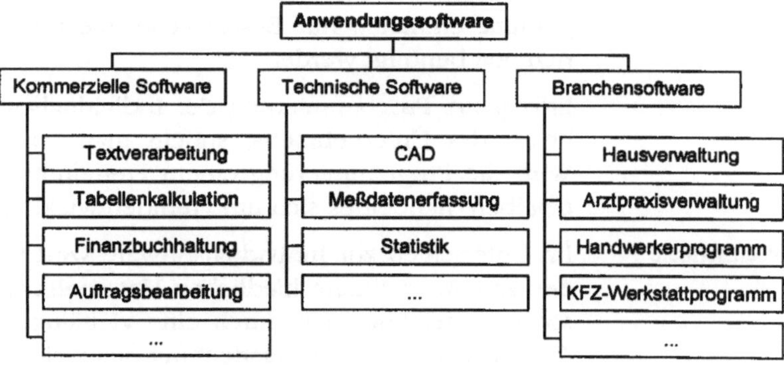

ABC GmbH

Im Hinblick auf den Einsatz von Anwendungssoftware muß Herr Kaufmann entscheiden, ob er Individualsoftware oder Standardsoftware einsetzen möchte.

4.4.1 Individualsoftware und Standardsoftware

Eine grundlegende Frage beim Einsatz von Anwendungssoftware ist, ob sie

- im eigenen Haus hergestellt wird,
- einem Softwarehaus in Auftrag gegeben wird oder
- als fertige Standardlösung gekauft wird.

In Abhängigkeit von der Größe des Unternehmens, dem zur Verfügung stehenden Kapital und Personal oder den Besonderheiten der Problemstellung werden die dargestellten Möglichkeiten in Anspruch genommen.

Bild 4.18: Einteilung Anwendungssoftware im Hinblick auf Individual- und Standardsoftware

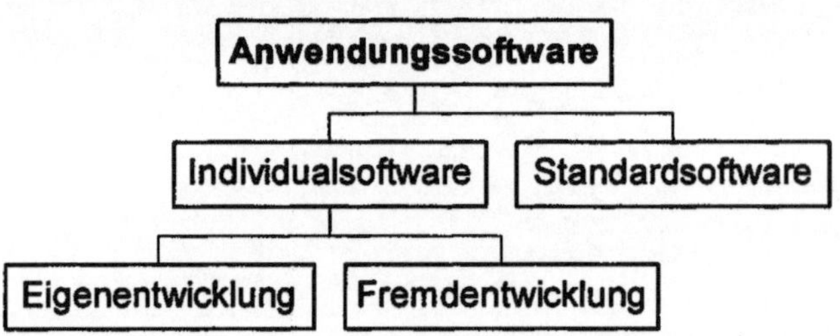

Individualsoftware

Individualsoftware wird individuell auf die Problemstellungen eines bestimmten Unternehmens oder einer Unternehmensgruppe zugeschnitten. Dadurch ist es möglich, Besonderheiten der Unternehmensabläufe und -struktur zu berücksichtigen. Die Programme enthalten nur Bestandteile, die für das einzelne Unternehmen benötigt werden.

Erfolgt die Programmierung der Individualsoftware durch Mitarbeiter des Unternehmens, spricht man von Eigenentwicklung. Wird die Programmierung einem Fremdunternehmen in Auftrag gegeben, handelt es sich um Fremdentwicklung.

Standardsoftware

Im Unterschied zur Individualsoftware wird Standardsoftware für den Einsatz in unterschiedlichen Unternehmen erstellt. Standardsoftware zeichnet sich durch eine vielfältige Einsetzbarkeit aus. Trotz der universellen Ausrichtung bietet sie je nach Anbieter die Möglichkeit der individuellen Anpassung. Standardsoftware hat aufgrund der genannten Eigenschaften einen großen Verbreitungsgrad. Die daraus resultierenden hohen Absatzzahlen erfordern auf Seiten des Abnehmers geringere Investitionskosten.

4.4.2 Integrierte Anwendungssoftware

Ein weiterer wichtiger Aspekt der Klassifizierung von Anwendungssoftware ist der Grad der Integration [vgl. 10, S. 150f.]:

- Werden sogenannte Insellösungen oder wird ein Gesamtsystem eingesetzt?
- Welche Reichweite hat die Software (abteilungs- oder bereichsintern, inner- oder überbetrieblich)?

Integrierte Anwendungssoftware

Integrierte Anwendungssoftware zeichnet sich durch die Wahrnehmung der Aufgaben mehrerer Funktionsbereiche eines Unternehmens aus und verknüpft diese zu einem Gesamtsystem.

Insellösung

Bei fehlender Integration spricht man von Insellösungen. Insellösungen werden also unabhängig von Gesamtzusammenhängen innerhalb eines Unternehmens ausschließlich für festgelegte Bereiche eingesetzt. Bei Einsatz von Insellösungen können u.a. folgende Probleme auftreten:

Redundanzen und Inkonsistenzen

Die Daten stehen nur einzelnen Funktionsbereichen zur Verfügung. Sie müssen an anderen Stellen gegebenenfalls neu erfaßt werden. Dies führt zu sogenannten Redundanzen. Redundanzen entstehen, wenn dieselben Daten (z.B. Daten eines bestimmten Kunden) mehrfach gespeichert werden. Eine mögliche Folge der mehrfachen Speicherung ist die Entstehung von Dateninkonsistenzen. Eine Dateninkonsistenz entsteht dann, wenn mehrfach gespeicherte Daten im Arbeitsablauf uneinheitlich verändert werden oder von Anfang an unterschiedlich erfaßt werden. Mit Redundanzen sind also ein erhöhter Arbeitsaufwand sowie die Gefahr von unterschiedlichen Datenbeständen verbunden.

ABC GmbH

Die Kundenanschriften der ABC GmbH werden bisher in der Vertriebsabteilung und in der Buchhaltung separat verwaltet. Die Vertriebsabteilung erfährt, daß sich die Anschrift eines Kunden geändert hat. Sie erfaßt diese Änderung in ihrem Computer. Diese geänderten Daten müssen zusätzlich an die Mitarbeiter der Buchhaltung weitergegeben werden. Wird dies versäumt, kann es z.B. zu einer falschen Rechnungszustellung kommen. Jeder Mitarbeiter muß also in diesem System wissen, an welchen Stellen welche Stammdaten verwaltet werden. Dies ist in großen Unternehmen nur schwierig zu realisieren und mit hohem Personaleinsatz verbunden.

Der Einsatz von integrierter Anwendungssoftware vermeidet dieses Problem. Stammdaten, die von mehreren Funktionsbereichen genutzt und erzeugt werden, werden an einer festgelegten Stelle gespeichert. Im oben genannten Beispiel würde der Einsatz integrierter Anwendungssoftware dazu führen, daß es im gesamten Unternehmen nur einen Stammdatenbestand der Kunden gibt, der zentral verwaltet wird. Alle Bereiche des Unternehmens, die Kundendaten benötigen, greifen auf diesen Datenbestand zu. Wenn z.B. eine Adressenänderung vorgenommen wird, steht sie unmittelbar auch allen anderen Bereichen zur Verfügung.

Integrierte Anwendungssoftware bietet also u.a. folgende Vorteile:

- gemeinsamer Datenbestand,
- Beschränkung des Erfassungsaufwandes von Daten,
- Reduzierung von Eingabefehlern,
- Vermeidung von Redundanzen und Inkonsistenzen.

Die Integration wird in der Regel folgendermaßen differenziert:

Bild 4.19: Integration von Anwendungssoftware

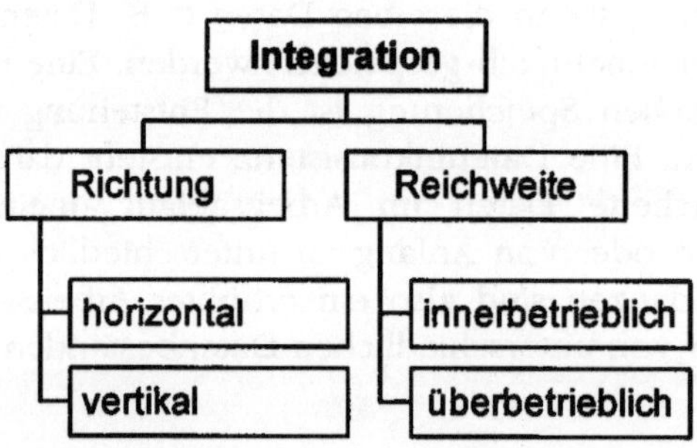

Horizontale und vertikale Integration

Horizontale Integration beinhaltet Anwendungen, die im hierarchischen Aufbau eines Unternehmens auf einer Ebene angeordnet sind (z.B. Verwaltungs- und Abrechnungssysteme auf Sachbearbeitungsebene). Vertikale Integration beinhaltet Anwendungen, die verschiedene hierarchische Ebenen eines Unternehmens betreffen (z.B. Managementprogramme, die Daten aus verschiedenen Ebenen beziehen und verdichten).

Innerbetriebliche und überbetriebliche Integration

Eine Auftragsbearbeitung ist üblicherweise innerbetrieblich ausgerichtet. Können die Kunden jedoch direkt Bestellungen über eine Online-Verbindung herstellen, liegt eine überbetriebliche Integration der Software vor.

4.5 Datenbankverwaltungssysteme

Die Daten, die mit einem Datenbankverwaltungssystem verarbeitet werden, sind Abbilder von realen Dingen der Alltagswelt. Doch was ist unter realen Dingen der Alltagswelt zu verstehen?

ABC GmbH

Im Bereich Auftragsbearbeitung der Firma ABC GmbH sind Dinge der realen Welt z.B.:

- Artikel,
- Kunden,
- Lieferanten.

Objekte

Werden sie mit einem Datenbankverwaltungssystem verwaltet, werden sie Datenobjekte oder auch nur Objekte genannt. Der einzelne Kunde der Alltagswelt der ABC GmbH ist also ein Objekt, genauso wie jeder einzelne Artikel ein Objekt ist.

Eigenschaften

Die Objekte haben Eigenschaften. Betrachten wir als Beispiel einen Kunden mit seinen Eigenschaften:

- Vor- und Nachname (z.B. Hans Müller),
- Haarfarbe (z.B. mittelblond),
- Alter (z.B. 38 Jahre),
- Familienstand (z.B. verheiratet),
- Anzahl Kinder (z.B. 2),
- Wohnort (z.B. Ahornallee 23, 11111 Musterstadt),
- Telefonnummer (z.B. (01111) 12 34 56),
- Warenumsatz (z.B. 1.560,00 DM),
- Hobbies (z.B. Lesen, Spazierengehen und Sport),
- Charakter (z.B. „stets gut gelaunt“ oder „offenes Wesen“),
- Zahlungsmoral (z.B. gut).

Die Reihe der Eigenschaften ließe sich nahezu unendlich fortsetzen. Wird der Kunde mittels eines Datenbankverwaltungssystems erfaßt, werden seine Eigenschaften auf für das Unternehmen relevante Eigenschaften reduziert:

- Vor- und Nachname,
- Anschrift,
- Telefonnummer,
- Warenumsatz.

Die Eigenschaften, die ihn als das private, einzigartige Individuum kennzeichnen (so, wie ihn seine Familie, seine Freunde und Bekannte kennen und charakterisieren), werden nicht abgebildet. Ausnahmen bilden hier allenfalls bestimmte Eigenschaften, die für die Geschäftsbeziehung von Interesse sein könnten (Hobbys, Zahlungsmoral).

Um den Kunden DV-technisch erfassen zu können, werden also ganz bestimmte Eigenschaften gewählt, die von Interesse sind und die alle Kunden aufzuweisen haben:

- alle Kunden haben einen Vor- und Zunamen,
- alle Kunden haben eine Anschrift,
- alle Kunde haben eine Telefonnummer.

Objekttyp

Jeder einzelne Kunde ist ein Objekt. Die Gesamtheit der Kunden wird als Objekttyp bezeichnet.

Dennoch ist es für die Verarbeitung wichtig, daß jeder Kunde für das Unternehmen einzigartig ist, damit jeder Kunde eindeutig identifiziert werden kann. Um dies zu ermöglichen, wird jedem Kunden eine sogenannte „künstliche" Eigenschaft zugeordnet, die ihn einzigartig macht. Hierbei handelt es sich um die Kundennummer. Jede Kundennummer wird nur einmal vergeben, so daß jeder Kunde seine eigene Nummer besitzt.

Attribute

Die Eigenschaften werden in einem Datenbankverwaltungssystem mit dem Begriff „Attribute" bezeichnet. Die Objekte besitzen also Attribute.

Weitere Beispiele für Objekte und Attribute:

Objekt: Angebot

Attribute:
- Angebotsdatum,
- Gültigkeitsdauer,
- Kundennummer,
- Artikelnummer,
- Mengenangaben,
- Preisangaben,
- Zahlungsmodalitäten.

Objekt: Artikel:

Attribute:
- Artikelnummer,
- Artikelbezeichnung,
- Lieferantennummer,
- Einkaufspreis,
- Lagerort,
- Verkaufspreis,
- Sonderpreis.

Die einzelnen Objekte (z.B. Angebote, Kunden, Artikel, Lieferanten) stehen sowohl in der realen Welt als auch im Datenbankverwaltungssystem nicht isoliert nebeneinander. Es gibt Beziehungen zwischen ihnen.

Zwischen den Objekten „Kunde" und „Artikel" existiert z.B. die Beziehung „kauft": Das Objekt Kunde kauft das Objekt Artikel.

Weitere Beispiele für Objekte und Beziehungen:

- Lieferant liefert Artikel,
- Angebot wendet sich an Kunden und enthält Artikel.

Datenbank

Mit diesen Begriffen läßt sich schließlich der Begriff „Datenbank" definieren: Eine Datenbank enthält Objekte, die über Attribute verfügen und durch Beziehungen miteinander verbunden sind. Die inhaltliche Struktur der Objekte und die Beziehungen der Objekte untereinander werden als Datenstruktur bezeichnet.

Konzeptionelles Modell

Zur Entwicklung einer Datenbank wird vor der Umsetzung unter Zuhilfenahme eines Datenbankverwaltungssystems zunächst eine Beschreibung der Realität, die abgebildet werden soll, vorgenommen. Das Ergebnis dieser Beschreibung wird als konzeptionelles Modell bezeichnet [vgl. 5, S. 943ff., 11, S. 203ff.].

ER-Diagramm

Für die Entwicklung des konzeptionellen Modells hat sich eine besondere Art der grafischen Darstellung durchgesetzt. Diese Darstellung wird als ER-Diagramm (Entity Relation-Diagramm) bezeichnet. Verbunden mit dem ER-Diagramm ist eine spezifische Sprachregelung. Der Begriff „Entity" kann mit dem Begriff „Objekt" gleichgesetzt werden, der Begriff „Entitytyp" mit dem Begriff „Objetktyp".

Mittels der in ER-Diagrammen verwendeten grafischen Symbole lassen sich vor allem die Beziehungen besser darstellen als mit sprachlichen Mitteln. Das Datenmodell, das durch die Symbole entsteht, wird als ER-Modell (ERM) bezeichnet.

Ein Entitytyp (Objekttyp) wird durch ein Rechteck dargestellt. In dem Rechteck steht der Name des Entitytyps:

Bild 4.20: Entitytyp

Die Attribute (Eigenschaften) des Entitytyps werden in ovalen Formen angehängt. Dabei wird das eindeutig identifizierende Attribut unterstrichen, z.B. das Attribut „Kundennummer" (KDNR) für den Entitytyp „Kunde".

Bild 4.21: Entitytyp mit Attributen

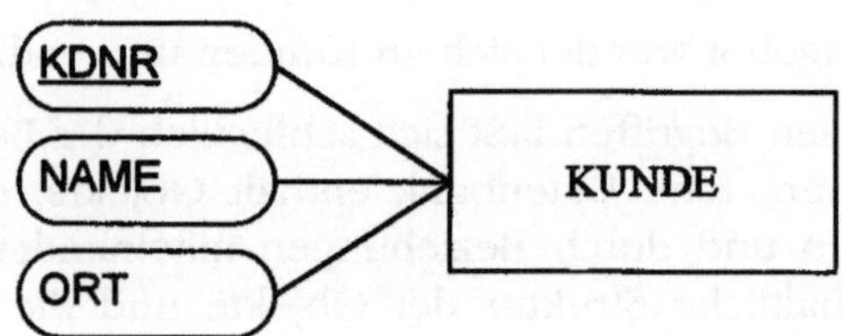

Die Beziehungen zwischen den Entitytypen werden durch eine Raute und eine Verbindungslinie dargestellt. In der Raute steht die Art der Beziehung:

Bild 4.22: Beziehung zwischen Entitytpen

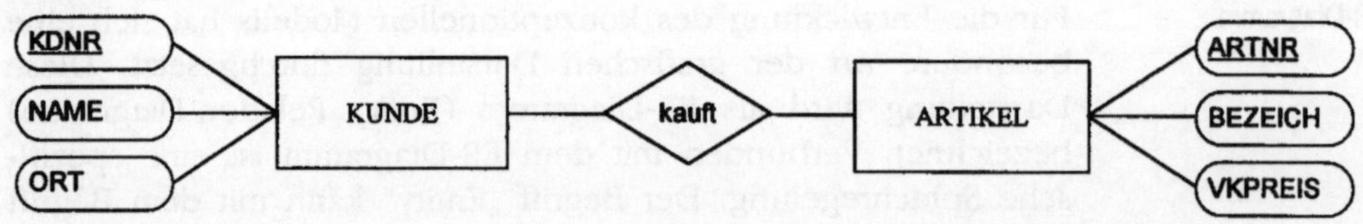

Datenmodell

Anschließend erfolgt die Übertragung der ER-Diagramme in eine Beschreibung, die an das eingesetzte Datenbankverwaltungssystem angepaßt ist. Das Ergebnis dieser Beschreibung wird als Datenmodell bezeichnet. Aus der unterschiedlichen Struktur der verfügbaren Datenbankverwaltungssysteme resultieren folgende Datenmodelle:

- Hierarchisches Modell,
- Netzwerkmodell,
- Relationenmodell,
- Objektorientiertes Modell.

Aufgrund des großen Verbreitungsgrades wird im folgenden das Relationenmodell näher erläutert.

Relationale Datenbank

Die dem Relationenmodell entsprechenden Programme werden als relationale Datenbankverwaltungssysteme bezeichnet, ihre Datenbanken als relationale Datenbanken.

Relationale Datenbanken sind in Form von Tabellen strukturiert, die hier auch als Relationen bezeichnet werden. Der Begriff der Relation drückt aus, daß Tabellen Beziehungen zu anderen Tabellen besitzen. Eine Tabelle ist begrifflich gleichzusetzen mit dem Begriff „Objekttyp" („Entitytyp").

Die sprachliche Beschreibung einer Tabelle wird mit dem Buchstaben „R" für Relation, einem Punkt und dem Namen der Tabelle vorgenommen:

R.KUNDEN

Hinter den Namen werden die Attribute (Eigenschaften) in Klammern und durch Kommata getrennt aufgeführt:

R.KUNDEN (<u>KDNR</u>, Name, Vorname, Straße, PLZ, Ort, Telefon)

Auch hier wird das eindeutig identifizierende Attribut unterstrichen.

Die Datenstruktur einer relationalen Datenbank muß ganz bestimmte Kriterien erfüllen, um Problemen in der Praxis vorzubeugen: Daten dürfen nicht ohne Grund mehrfach gespeichert sein, da Redundanzen zu einem größeren Arbeitsaufwand führen und die Gefahr von Eingabefehlern erhöhen. Eingabefehler führen zu inkonsistenten, d.h. widersprüchlichen Daten. Inkonsistente Daten führen zu Verarbeitungsfehlern.

Doch wie kann man in der Praxis sicherstellen, daß Daten nicht mehrfach gespeichert werden? Eine Möglichkeit ist die Festlegung von sogenannten Primärschlüsseln.

Primärschlüssel

Ein Primärschlüssel bezeichnet eine eindeutig identifizierende Eigenschaft einer Tabelle. Aus diesem Grund kann z.B. die Kundennummer ein Primärschlüssel sein, weil jede Kundennummer in einem Unternehmen nur einmal existiert. Ist die Kundennummer bekannt, besteht ein eindeutiger Bezug zu einem Kunden und seinen weiteren Daten. Die Eigenschaft Kundenname kann kein Primärschlüssel sein, weil mehrere Kunden den gleichen Namen haben können und somit eine eindeutige Zuordnung weiterer Daten nicht möglich ist.

Ist die Kundennummer als Primärschlüssel definiert worden, verhindert das Datenbankverwaltungssystem eine mehrfache Speicherung der Kundennummer in den Kundenstammdaten. Das Datenbankverwaltungssystem würde bei doppelter Vergabe einer Kundenummer mit einer Fehlermeldung reagieren, z.B.:

> **Fehler!** Primärschlüsselwert schon vorhanden.
> Speicherung kann nicht durchgeführt werden.

Die Primärschlüssel bilden außerdem die Grundlage für die Erstellung von Beziehungen zwischen zwei und mehreren Tabellen (Entitytypen).

Sekundärschlüssel

Neben Primärschlüsseln gibt es die Sekundärschlüssel, sie besitzen nicht den Charakter der eindeutigen Identifizierung. Sie werden eingesetzt, um Suchvorgänge zu beschleunigen.

Indizierung

Beide Schlüsselformen setzen die Technik der Indizierung ein, d.h. das Datenbankverwaltungssystem erstellt für jedes Schlüsselfeld (Primär- und Sekundärschlüssel) eine Indexdatei. Eine Indexdatei ist eine zusätzliche Tabelle, die parallel zur Basistabelle erstellt wird. In der Indexdatei befinden sich die Schlüsselwerte (z.B. KDNR, Name) in sortierter Reihenfolge. Zusätzlich wird ein Wert gespeichert, der die Position des Schlüsselwertes in der Basistabelle vermerkt. Bei jeder neuen Eingabe in die Basistabelle wird diese automatisch in die Indexdatei einsortiert.

Das folgende Beispiel verdeutlicht das Prinzip der Indizierung anhand einer Kundentabelle und der zugehörigen Indexdatei.

Beispiel

In der Kundentabelle sind die Kunden unsortiert gespeichert:

Bild 4.23: Kundentabelle

KDNR	Vorname	Name	Straße	PLZ	Ort
7001	Hans	Meier	Hauptstraße 11	48653	Coesfeld
7002	Peter	Müller	Ölweg 2	48301	Nottuln
7003	Hanna	Gärtner	Almweg 1	48653	Coesfeld
7004	Tim	Baumann	Ahornweg 5	48155	Münster
7005	Inga	Arends	Am Wald 7	48155	Münster

Im weiteren Verlauf wird angenommen, daß die Kundennummer (KDNR) als Primärschlüssel und der Name als Sekundärschlüssel angelegt ist. Der Inhalt der Indexdatei für den Namen sieht dann folgendermaßen aus:

Bild 4.24: Indexdatei

Name	Position in der Kundentabelle
Arends	5
Baumann	4
Gärtner	3
Meier	1
Müller	2

Wird nun die Kundin „Arends" über ihren Namen gesucht, sucht das Datenbankverwaltungssystem zunächst in der Indexdatei nach dem Eintrag des Namens „Arends" und erkennt die zugehörige Position in der Kundentabelle. Anschließend liest das Datenbankverwaltungssystem den entsprechenden Satz der Kundentabelle (hier: Satz Nr. 5).

Auf diese Weise kann die Anzahl der Lesevorgänge auf ein notwendiges Minimum verkleinert werden. Der Suchvorgang ist insgesamt wesentlich schneller, als wenn die gesamte Kundentabelle Satz für Satz gelesen werden müßte. Die Indizierung ist nur bei großen Datenbeständen erforderlich.

Normalisierung

Bei der Entwicklung der Datenstrukturen muß – neben der Definition der Objekte und ihrer Attribute – beachtet werden, daß

- die Daten nicht redundant sind,
- keine zusammengesetzten Attribute vorliegen und
- keine transitiven Abhängigkeiten vorliegen.

Der Vorgang zur Erfüllung dieser Voraussetzungen heißt Normalisierung. Im Prozeß der Normalisierung werden die Tabellen schrittweise in die 1., 2. und 3. Normalform umgewandelt. Das folgende vereinfachte Beispiel verdeutlicht diesen Vorgang.

Bild 4.25:
Ausgangstabelle

KDNR	Kunde	Anschrift	ARTNR	Artikelbez	Menge	Gruppe	Rabatt
7001	Hans Meier	Hauptstr. 11 48653 Coesfeld	2001 2002 2005	Laubsäge Akkuschrauber Stichsäge	1 1 1	A B B	10% 15% 15%
7002	Peter Müller	Ölweg 2 48301 Nottuln	2005	Stichsäge	2	B	15%

Eine Tabelle erfüllt nicht die 1. Normalform, wenn mehrfach besetzte Felder und zusammengesetzte Attribute vorkommen. In Bild 4.25 gibt es ein mehrfach besetztes Feld (ARTNR), da drei Artikelnummern in einem Feld gespeichert sind (2001, 2002, 2005). Im ersten Schritt der Normalisierung werden die mehrfach besetzten Felder durch Einfügen neuer Zeilen aufgelöst.

Bild 4.26:
Teilbereinigte Tabelle

KDNR	Kunde	Anschrift	ARTNR	Artikelbez	Menge	Gruppe	Rabatt
7001	Hans Meier	Hauptstr. 11 48653 Coesfeld	2001	Laubsäge	1	A	10%
7001	Hans Meier	Hauptstr. 11 48653 Coesfeld	2002	Akkuschrauber	1	B	15%
7001	Hans Meier	Hauptstr. 11 48653 Coesfeld	2005	Stichsäge	1	B	15%
7002	Peter Müller	Ölweg 2 48301 Nottuln	2005	Stichsäge	2	B	15%

Jetzt besteht noch die Problematik zusammengesetzter Attribute. In dem obigen Beispiel bilden Vorname und Name sowie die Straße, die PLZ und der Ort zusammengesetzte Attribute, die z.B. das Suchen von Datensätzen mit bestimmten Suchkriterien erschweren.

Daher werden im nächsten Schritt zusammengesetzte Attribute durch Einfügen neuer Spalten aufgelöst. Die Spalte Kunde wird durch die Spalten Vorname und Name ersetzt. Die Spalte Anschrift wird durch die Spalten Straße, PLZ und Ort ersetzt.

Bild 4.27:
Tabelle in der
1. Normalform

KDNR	Vorname	Name	Straße	PLZ	Ort	ARTNR	Artikelbez	Menge	Gruppe	Rabatt
7001	Hans	Meier	Hauptstr. 11	48653	Coesfeld	2001	Laubsäge	1	A	10%
7001	Hans	Meier	Hauptstr. 11	48653	Coesfeld	2002	Akkuschrauber	1	B	15%
7001	Hans	Meier	Hauptstr. 11	48653	Coesfeld	2005	Stichsäge	1	B	15%
7002	Peter	Müller	Ölweg 2	48301	Nottuln	2005	Stichsäge	2	B	15%

Jetzt erfüllt die Tabelle nach Praxisgesichtspunkten die 1. Normalform. Alle Zeilen sind gleich lang, es treten keine mehrfach belegten Felder auf und die Attribute sind nicht zusammengesetzt. Eine Ausnahme bildet das Attribut „Straße", das sich aus der Straßenbezeichnung und der Hausnummer zusammensetzt. Dies ist in der Praxis üblich und für die weitere Verwendung der Datenbank unerheblich, obwohl es den Kriterien der 1. Normalform widerspricht.

Was in Bild 4.27 nun noch auffällt, ist das Auftreten von Datenredundanzen. Der Kunde „Hans Meier" ist dreimal gespeichert. Im nächsten Schritt der Normalisierung werden diese Redundanzen durch Einfügen neuer Tabellen aufgelöst:

Bild 4.28: Tabellen in der 2. Normalform

Tabelle Kunden

KDNR	Vorname	Name	Straße	PLZ	Ort
7001	Hans	Meier	Hauptstr. 11	48653	Coesfeld
7002	Peter	Müller	Ölweg 2	48301	Nottuln

Tabelle Artikel

ARTNR	Artikelbez	Gruppe	Rabatt
2001	Laubsäge	A	10%
2002	Akkuschrauber	B	15%
2003	Bohrmaschine	B	15%
2004	Bandsäge	B	15%
2005	Stichsäge	B	15%

Tabelle Auftrag

AUFTRNR	KDNR
1	7001
2	7002

Tabelle Position

AUFTRNR	POSNR	ARTNR	Menge
1	1	2001	1
1	2	2002	1
1	3	2005	1
2	1	2005	2

Die Tabellen befinden sich jetzt in der 2. Normalform. In der Tabelle „Position" liegt ein zusammengesetzter Primärschlüssel vor, weil eine eindeutige Identifizierung nur durch die Kombination von Auftragsnummer (AUFTRNR) und Positionsnummer (POSNR) möglich ist.

Ein nun noch bestehendes Problem in den Tabellen stellt die Abhängigkeit des Attributes „Rabatt" von dem Attribut „Gruppe" dar. Für die Gruppe A wurde ein Rabattsatz von 10% festgelegt, für die Gruppe B wurde ein Rabattsatz von 15% bestimmt. Das Attribut „Gruppe" seinerseits ist von dem Attribut „ARTNR" abhängig. Eine bestimmte Artikelnummer gehört zu einer bestimmten Gruppe. So gehört der Artikel „Laubsäge“ zur Gruppe „A“, die Artikel „Akkuschrauber“, „Bohrmaschine“, „Bandsäge“ und „Stichsäge“ gehören zur Gruppe „B“. Man spricht hier von transitiver Abhängigkeit. Das bedeutet, es bestehen wechselseitige Abhängigkeiten zwischen den Feldern einer Tabelle.

Im letzten Schritt wird diese transitive Abhängigkeit durch Hinzufügen einer weiteren Tabelle aufgelöst:

Bild 4.29: Tabellen in der 3. Normalform

Tabelle Kunden

KDNR	Vorname	Name	Straße	PLZ	Ort
7001	Hans	Meier	Hauptstr. 11	48653	Coesfeld
7002	Peter	Müller	Ölweg 2	48301	Nottuln

Tabelle Artikel

ARTNR	Artikelbez	Gruppe
2001	Laubsäge	A
2002	Akkuschrauber	B
2003	Bohrmaschine	B
2004	Bandsäge	B
2005	Stichsäge	B

Tabelle Rabattsatz

Gruppe	Rabatt
A	10%
B	15%

Tabelle Auftrag

AUFTRNR	KDNR
1	7001
2	7002

Tabelle Position

AUFTRNR	POSNR	ARTNR	Menge
1	1	2001	1
1	2	2002	1
1	3	2005	1
2	1	2005	2

Die Tabellen befinden sich nun in der 3. Normalform, d.h. es bestehen keine wechselseitigen Abhängigkeiten innerhalb einer Tabelle mehr. Der Vorgang der Normalisierung für diese vereinfachte Beispiel ist damit abgeschlossen.

ABC GmbH

Herr Kaufmann fragt nach der Bedeutung der Normalisierung für die Praxis. Der Vorgang der Normalisierung sowie das Ergebnis erscheinen ihm auf den ersten Blick sehr aufwendig und umfangreich. Statt einer Tabelle (vgl. Bild 4.25) ergeben sich am Ende der Normalisierung für dieses kleine Beispiel bereits fünf Tabellen (vgl. Bild 4.29).

Für die Nutzung der Tabellen in der Praxis ergeben sich durch die Normalisierung erhebliche Vorteile, wie an folgenden Beispielen deutlich wird:

- Sortieren der Kunden nach der Postleitzahl

  Die Ausgangstabelle (Bild 4.25) ermöglicht keine derartige Sortierung, da die Postleitzahlen mit anderen Attributen zusammengesetzt in einem Feld erscheinen.

- Änderung der Bezeichnung eines Artikels

  Die Bezeichnung des Artikels 2005 (Stichsäge) soll geändert werden. In der Ausgangstabelle (Bild 4.25) taucht die Bezeichnung zweimal auf. Sie müßte an jeder Stelle geändert werden. In der Praxis wären dies jedoch nicht nur zwei Stellen, sondern wesentlich mehr. Eventuelle Eingabefehler bei diesem Änderungsvorgang führen zu unterschiedlichen Artikelbezeichnungen (inkonsistente Daten). In der 3. Normalform müßte die Bezeichnung nur an einer Stelle geändert werden.

- Änderung des Rabattsatzes einer Artikelgruppe

  Der Rabattsatz der Artikelgruppe „B" soll erhöht werden. Sogar noch in der 2. Normalform (Bild 4.28) wäre eine viermalige Prozentsatzänderung erforderlich. Erst die dritte Normalform ermöglicht eine Änderung an nur einer Stelle. Auch hierdurch werden Inkonsistenzen vermieden.

Datenbanksprache

SQL

Für die Verwaltung von Datenbanken und alle damit verbundenen Anweisungen werden Befehle benötigt. Je nach Hersteller werden unterschiedliche Befehlssprachen eingesetzt. Als Standard hat sich die von IBM definierte Datenbanksprache SQL (Structured Query Language) herauskristallisiert. Sie ist mittlerweile Bestandteil vieler relationaler Datenbankverwaltungssysteme. Es gibt jedoch mehrere herstellerspezifische Varianten von SQL, die sich in ihrer Schreibweise unterscheiden. Im Kern sind die einzelnen Anweisungen jedoch vergleichbar.

SQL läßt sich in mehrere Anweisungsbereiche untergliedern:

Anweisungen zum Erstellen, Löschen und Umbenennen von Datenbanken und Datenbankstrukturen, z.B.:

- Erstellen einer Datenbank (create database),
- Erstellen einer Tabelle (create table),
- Verändern einer Tabelle (alter table),
- Umbenennen einer Tabelle (rename table),
- Löschen einer Tabelle (drop table),
- Erstellen eines Schlüssels (create index).

Anweisungen zum Bearbeiten von Datensätzen:

Sie kommen immer zum Einsatz, wenn im betrieblichen Alltag Daten erfaßt, verändert oder gelöscht werden:

- Einfügen von Datensätzen (insert),
- Ersetzen von Datensätzen (update),
- Löschen von Datensätzen (delete).

Anweisungen für die Zugriffsberechtigungen:

Diese Anweisungen lassen sich mit folgender Frage umschreiben: „Wer darf welche Daten sehen, verändern, speichern, löschen?".

- Vergabe von Zugriffsberechtigungen (grant),
- Sperren einer Tabelle (lock table),
- Aufheben einer Tabellensperre (unlock table),
- Zurücknehmen von Zugriffsberechtigungen (revoke).

Anweisungen für die Integrität der Daten:

Eine wichtige Grundvoraussetzung für das Arbeiten mit Datenbanken ist, daß der Benutzer sich auf die darin gespeicherten Daten unbedingt verlassen können muß.

Dazu dient zum einen die Möglichkeit, Protokolle über vorgenommene Veränderungen erstellen lassen zu können, um sie bei Bedarf auszuwerten.

Zum anderen bieten Datenbankverwaltungssysteme die Transaktionsverarbeitung an. Eine Transaktion wird gestartet, bevor umfangreiche Änderungen am Datenbestand durchgeführt werden. Ein Beispiel eines solchen Vorganges ist das Ändern von Preisen nach Artikel- und Lieferantengruppen. Das Datenbankverwaltungssystem erzeugt zu Transaktionsbeginn eine Sicherungskopie des Datenbestandes. Sind alle durchgeführten Vorgänge ordnungsgemäß verlaufen, wird dies vom Anwender bestätigt, und es gibt einen neuen, aktuellen Datenbestand. Sind die Vorgänge nicht zufriedenstellend durchgeführt worden, kann der Anwender sämtliche Veränderungsvorgänge verwerfen. Er kann dann mit dem vorher gesicherten Datenbestand weiter arbeiten. Für diese Anwendungen stehen u.a. folgende Befehle zu Verfügung:

- Start einer Transaktion (begin work),
- Beenden einer Transaktion und bestätigen der Vorgänge (commit work),
- Verwerfen einer Transaktion (rollback work),
- Erstellen eines Protokolls zur Aufzeichnung von Tabellenveränderungen (create audit).

Anweisungen für Datenabfragen:

Selektion

Die Datenbanksprache SQL bietet einen mächtigen Befehl zur Abfrage (Selektion) von Daten an. Mit dem Select-Befehl können nach Vorgabe eines Selektionskriteriums Daten aus einer oder mehreren Tabellen ausgewählt werden. In welcher Form sie ausgegeben werden (Sortierung, Gruppierung, Anzahl und Auswahl der Tabellenspalten), kann gesondert festgelegt werden.

Der Aufbau der Select-Anweisung sieht folgendermaßen aus:

select [Spaltenname] oder * (für alle Felder)
from [Tabellenname]
where [Selektionskriterium]

Mit weiteren Zusätzen (wie „order by" zur Sortierung oder „group by" zur Gruppierung) kann die Datenausgabe gestaltet werden.

Im folgenden werden einige Beispiele aufgeführt, die sich auf die Tabellenstruktur der Tabellen im Bild 4.29 beziehen.

select artnr,artikelbez from artikel;
Die Abfrage liefert als Ergebnis alle Datensätze der Tabelle „Artikel", da keine Selektionsbedingung eingegeben wurde. Es werden nur die Spalten „ARTNR" und „Artikelbez" ausgegeben.

select artnr,artikelbez from artikel where gruppe=„B";
Die Abfrage liefert als Ergebnis alle Datensätze der Tabelle „Artikel", bei denen in der Spalte „Gruppe" das Zeichen „B" gespeichert ist. Es werden nur die Spalten „ARTNR" und „Artikelbez" ausgegeben.

select * from artikel where gruppe=„B";
Die Abfrage liefert als Ergebnis alle Datensätze der Tabelle „Artikel", bei denen im Feld „Gruppe" das Zeichen „B" gespeichert ist. Es werden alle Felder ausgegeben, da der Platzhalter „*" eingesetzt wurde.

select * from artikel where gruppe=„B" order by artikel;
Die Abfrage liefert als Ergebnis alle Datensätze der Tabelle „Artikel", bei denen im Feld „Gruppe" das Zeichen „B" gespeichert ist. Es werden alle Felder ausgegeben, da der Platzhalter „*" eingesetzt wurde. Es wird aufsteigend nach der Artikelbezeichnung sortiert.

```
select artikel.artikelbez,artikel.gruppe,rabattsatz.rabatt
from artikel,rabattsatz where artikel.gruppe=rabattsatz.gruppe;
```

Die Abfrage liefert als Ergebnis alle Datensätze der Tabellen „Artikel" und „Rabattsatz".

Es werden die Spalten „Artikelbez" und „Gruppe" aus der Tabelle „Artikel" und die Spalte „Rabatt" aus der Tabelle „Rabattsatz" ausgewählt.

Da es sich um zwei Tabellen handelt, muß definiert werden, welche Zeilen der beiden Tabellen verbunden werden sollen. Das Kriterium ist die Spalte „Gruppe", die in beiden Tabellen vorhanden ist. Dadurch wird gewährleistet, daß jeweils der richtige Rabattsatz dem richtigen Artikel zugeordnet wird.

Diese Abfrage ist ein Beispiel für eine Tabellenverknüpfung. Daten, die aus Gründen der Normalisierung auf mehrere Tabellen verteilt wurden, können also bei Bedarf jederzeit wieder zusammengeführt werden.

Aktuelle Datenbankverwaltungssysteme, die für Betriebssysteme mit grafischer Benutzeroberfläche entwickelt wurden, bieten neben der SQL-Eingabe auch eine grafische Unterstützung bei der Formulierung von Abfragen. Wie diese Umsetzung gelöst werden kann, wird in einer vereinfachten Darstellung erläutert:

Spaltenname	Artikelbez	Gruppe
Spalte anzeigen? Ja/Nein	Ja	Nein
Selektionskriterium		„B"

Diese visuelle Darstellung entspricht der SQL-Anweisung

select artikelbez from artikel where gruppe=„B";

Im Gegensatz zur SQL-Sprache werden bei visueller Abfragetechnik lediglich Eingaben in einer tabellarischen Übersicht vorgenommen. Der Anwender muß sich keine Befehle merken. Zusätzlich stellt ihm das jeweilige Datenbankverwaltungssystem in der Regel umfangreiche Hilfetexte mit Beispielen zur Verfügung.

4.6 Informationssysteme

Alle Mitarbeiter eines Unternehmens sind für ihre Tätigkeiten auf Informationen angewiesen. Betriebliche Informationssysteme liefern jedem Mitarbeiter die jeweils relevanten Informationen. Ein Informationssystem gliedert sich in verschiedene Ebenen:

Bild 4.30:
Informationssystem
[vgl. 1, S. 224ff.]

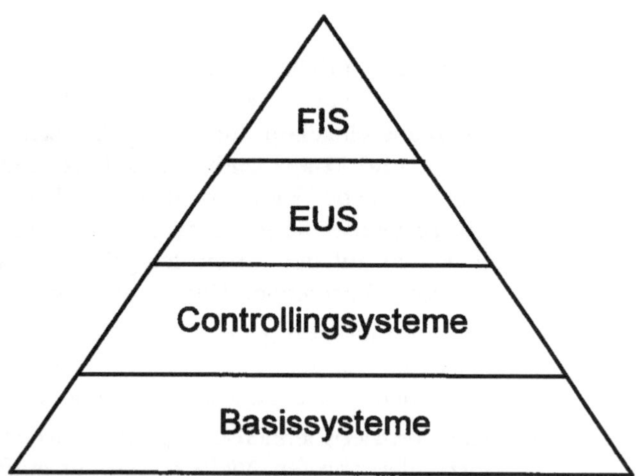

Basissysteme sind Systeme, die in betrieblichen Routineabläufen zum Einsatz kommen. Beispiele sind das Personalwesen, die Finanzbuchhaltung, die Kostenrechnung, die Materialwirtschaft, die Produktionswirtschaft und das Marketing.

Controllingsysteme verdichten die Daten der Basissysteme. So werden z.B. Umsatzzahlen monatlich oder kundenbezogen zusammengefaßt. Außerdem fließen in die Betrachtungen Plandaten für Soll-Ist-Vergleiche mit ein.

Entscheidungsunterstützungssysteme (EUS) werden für komplexe Planungs- und Entscheidungssituationen eingesetzt. Neben den verdichteten Informationen aus den Controllingsystemen fließen hier auch externe Informationen mit ein. So sind z.B. bei der Entscheidung über die Einführung eines neuen Produktes Daten über die Angebote von Mitbewerbern erforderlich.

Führungsinformationssysteme (kurz: FIS) sind spezielle Softwarelösungen für Führungskräfte. Sie setzen auf den Basissystemen, den Controllingsystemen und spezifischen Entscheidungsunterstützungssystemen des Unternehmens auf. Ziel der FIS ist die Bereitstellung von relevanten Informationen für die Führungskräfte zum richtigen Zeitpunkt in geeigneter Form. FIS ermöglichen z.B. die Berechnung von bestimmten Kennzahlen sowie die grafische Aufbereitung von Informationen. FIS sind leicht bedienbar.

ABC GmbH

Herr Kaufmann erhält monatlich grafisch aufbereitete Informationen aus dem FIS. So kann er z.B. die Gesamtumsätze seines Unternehmens einsehen. FIS haben das Ziel, insbesondere kritische Werte und Toleranzgrenzen aufzuzeigen. Die Verdichtung kritischer Bereiche kann dann nach dem Top-Down-Prinzip schrittweise wieder aufgelöst werden, um so den Ursachen der Auffälligkeiten auf den Grund zu gehen. Dieses Verfahren wird als Drill Down bezeichnet. Herr Kaufmann kann z.B.

- eine produktbezogene Aufschlüsselung der Umsatzzahlen abrufen. Hier kann das FIS ein Produkt hervorheben, bei dem noch tiefergehende Informationen erforderlich sind.
- eine vertriebsbereichsbezogene Aufschlüsselung der Umsatzzahlen abrufen. Vielleicht gibt es auffällige Einbrüche in einem oder mehren Vertriebsbereichen.
- eine kundenbezogene Aufschlüsselung der Umsatzzahlen abrufen. Vielleicht sind die Umsatzrückgänge auf einen Großkunden zurückzuführen, dessen Bestellmengen auffällig zurückgegangen sind.

Die Beispiele verdeutlichen die Mehrdimensionalität der möglichen Auswertung durch ein FIS.

FIS werden auch als EIS (Executive Information System) oder als CIS (Chefinformationssysteme) bezeichnet. Vorstufen der heutigen FIS wurden MIS (Management-Informationssysteme) genannt.

4.7 Softwareauswahl

ABC GmbH

Ein Bereich, in dem Herr Kaufmann Software einsetzen möchte, ist die Materialwirtschaft, verbunden mit einer Artikel-, Lieferanten- und Kundenverwaltung. Anhand dieses Bereiches wird das Verfahren zur Softwareauswahl vorgestellt.

Auswahlverfahren

Im folgenden wird der Ablauf eines Auswahlverfahrens geschildert [ausführlich 11, S. 252ff.]. Dabei ist dieses Verfahren auf die Auswahl von Standardsoftware ausgerichtet. Die Besonderheiten des Auswahlverfahrens von Individualsoftware bleiben außer Betracht.

Das Auswahlverfahren läuft in mehreren Phasen ab, die im folgenden dargestellt und durch Praxisbeispiele der ABC GmbH verdeutlicht werden.

Bild 4.31: Phasenmodell der Softwareauswahl

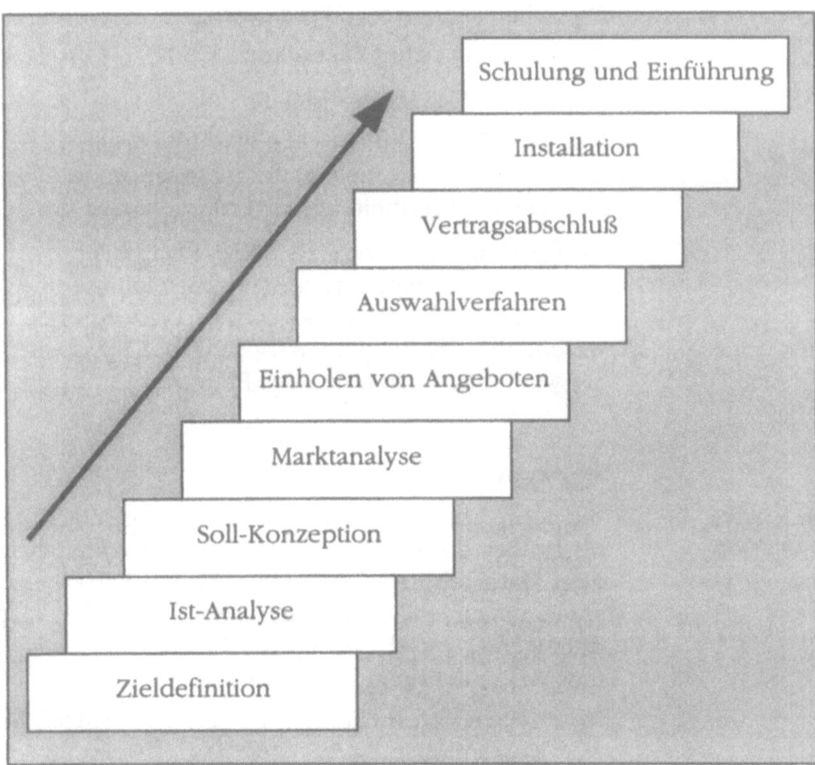

Das Phasenmodell dient dazu, den Ablauf des Auswahlprozesses zu strukturieren und in eine zeitliche Reihenfolge zu bringen. In der Praxis laufen die genannten Phasen nicht streng nacheinander ab. Es ist durchaus möglich, daß Rückschritte im Modell erforderlich sind. So können z.B. Erkenntnisse im Rahmen der Marktanalyse eine Anpassung der Soll-Konzeption erfordern. Dennoch ist es wichtig, den Ablauf der einzelnen Phasen stets vor Augen zu haben.

Zieldefinition

Zu Beginn des Auswahlverfahrens legt Herr Kaufmann die Zielsetzungen des Projektes fest. Beispiele für derartige Ziele sind:

- Bereitstellung eines Hilfsmittels für die Materialwirtschaft,
- Möglichkeit der Erstellung diverser Statistiken,
- Einsparung von Kosten,
- Zeitersparnis bei Mitarbeitern,
- Nutzung neuer Techniken,
- Optimierung der Abläufe,
- jederzeit abrufbare aktuelle, komprimierte Informationen,
- Integration in die Gesamtorganisation und gesamte Informationsverarbeitung des Unternehmens (keine Insellösung).

Herr Kaufmann informiert seine Mitarbeiter über das geplante Projekt. Er bezieht sie von vornherein in seine Überlegungen ein, um einerseits eine hohe Akzeptanz zu erreichen und andererseits den Informationsvorsprung der Mitarbeiter in ihren Spezialbereichen im Rahmen des Projektes zu nutzen.

Ist-Analyse

Erhebung des Ist-Zustandes

Zunächst verschafft sich Herr Kaufmann einen aktuellen Überblick über die derzeitigen Abläufe der Materialwirtschaft in seinem Unternehmen. Zu diesem Zweck hat er mehrere Teambesprechungen mit den Mitarbeitern aus der Materialwirtschaft durchgeführt. Ziel der Besprechungen war u.a. die Beantwortung folgender Fragestellungen:

- Welche Informationen werden über Artikel, Lieferanten und Kunden abgelegt?
- Wo werden die Informationen abgelegt (PC, Akten, Karteisysteme)?

- Woher kommen die Informationen und an wen werden sie weitergegeben (Informationsflüsse)?
- Welche Belege werden eingesetzt (Belegsammlung)?
- Welche Listen und Auswertungen werden erstellt?
- Wie hoch sind die Kosten des derzeitigen Ablaufs?
- Welche Arbeitsplätze/Stellen sind am Ablauf beteiligt?
- Wie gestalten sich die Schnittstellen von der Materialwirtschaft nach außen (zu Kunden, Lieferanten)?

Beurteilung des Ist-Zustandes

Nachdem der Ist-Zustand ermittelt und anhand von Abbildungen und Beschreibungen übersichtlich dargestellt wurde, muß eine Beurteilung des Ist-Zustandes erfolgen. Es ist erforderlich, die Schwachstellen der bisherigen Organisation zu erkennen und zu benennen. Beispiele für Schwachstellen sind:

- Übertragungsfehler bei Belegen,
- mangelnde Aktualität des Lagers,
- zeitintensive Statistikerstellung,
- Zeitverzögerungen im Ablauf.

Außerdem müssen die Folgen dieser Schwachstellen benannt werden. Beispiele sind:

- Fehlentscheidungen aufgrund fehlender oder unvollständiger Informationen,
- erhöhte Personalkosten.

Auch Vorteile des derzeitigen Systems sollten benannt werden. Beispiele sind:

- Unabhängigkeit von Technik,
- Unabhängigkeit von softwarebedingten Einschränkungen.

Soll-Konzeption

Nachdem die Ist-Analyse abgeschlossen ist, trifft sich Herr Kaufmann mit den Mitarbeitern, um Anforderungen zu formulieren, die im Rahmen einer DV-gestützten Materialwirtschaft erfüllt werden sollen. Dabei geht es zum einen um die Festlegung, welche Informationen und Abläufe der bisherigen Vorgehensweise unbedingt weiter erfüllt werden müssen. Zum anderen soll formuliert werden, welche Verbesserungen, Erweiterungen und Veränderungen ermöglicht werden sollen (zusätzliche Informationen, geänderte Abläufe, etc.).

Herr Kaufmann diskutiert mit seinen Mitarbeitern u.a. folgende Fragen:

- Welche Informationen sind aus den Praxiserfahrungen heraus betrachtet in Zukunft zusätzlich sinnvoll, um die Abwicklung zu erleichtern?
- Wie müssen die Belege modifiziert werden, um die Arbeitsabläufe zu optimieren?
- Welche Belege können aufgrund des DV-Einsatzes gegebenenfalls entfallen?
- Welche Schnittstellen zu anderen Programmen werden benötigt?
- Welche Automatisierungen sollen möglich sein (z.B. globale Preisänderungen)?
- Welche (zusätzlichen) Auswertungen muß die Software unbedingt erzeugen?

Pflichtenheft

Ziel dieser Stufe ist die Erstellung eines schriftlichen Anforderungskataloges, der als Basis für die darauffolgenden Stufen zugrunde gelegt wird. Der Anforderungskatalog muß den erforderlichen Leistungsumfang des Systems darstellen. Dieser Anforderungskatalog wird auch Pflichtenheft genannt. Das Pflichtenheft muß eine eindeutige Struktur aufweisen. Die folgende Abbildung verdeutlicht einen möglichen vereinfachten Ausschnitt der Inhalte eines Pflichtenheftes:

Bild 4.32: Inhalte eines Pflichtenheftes

Pflichtenheft	
Allgemeine Inhalte	
	Referenzen
	Grafische Benutzeroberfläche
	Lauffähigkeit in einem PC-Netzwerk
	Handbuch ausgedruckt (deutschsprachig)
	Handbuch online (deutschsprachig)
	Hilfefunktion
	Schnittstellen zu anderen Programmen (wie z.B. einer Tabellenkalkulation)
	Ausbaufähigkeit und Erweiterbarkeit
	Protokollierung der durchgeführten Vorgänge
	Softwarepflege
	Probebetrieb vor Einführung
	räumliche Nähe der Technikbereitschaft
	Support

Pflichtenheft	
Programminhalte	
	12stellige Artikelnummer verwendbar
	Artikeltext speicherbar
	Suche über Schlüssel
	Suche über Matchcode
	drei Verkaufspreise speicherbar
	zwei Einkaufspreise speicherbar
	Sonderpreise speicherbar
	mindestens fünf Lagerorte je Artikel speicherbar
	globale Preisänderung
	Preisänderung nach Artikelgruppen
	Preisänderung nach Lieferanten
	Programmanpassungen möglich: - Änderung der Datenstruktur - freie Gestaltung der Menüstruktur - Umstellung von Eingabefeldern in Masken
	frei zu gestaltende Listen und Auswertungen

Neben den angeführten Inhalten müssen darüber hinaus Inhalte bezogen auf die Hardware, Systemsoftware und Datenschutzanforderungen sowie Kostenaspekte berücksichtigt werden.

Marktanalyse und Einholen von Angeboten

ABC GmbH

Nachdem Herr Kaufmann mit seinen Mitarbeitern das Pflichtenheft erstellt hat, besucht er diverse Fachmessen (u.a. CeBit in Hannover, Systems in München). Er möchte sich einen Überblick über die gängige Software verschaffen. Außerdem führt er unverbindliche Informationsgespräche mit den Anbietern.

Eine weitere Informationsquelle für Herrn Kaufmann stellen Unternehmen der gleichen Branche dar, die bereits eine DV-gestützte Materialwirtschaft einsetzen. Herr Kaufmann gewinnt durch diese Gespräche neue Erkenntnisse bezüglich der Möglichkeiten und ergänzt und überarbeitet das Pflichtenheft in einigen Punkten.

Aufgrund seiner Marktbeobachtungen haben sich einige Software-Anbieter als besonders interessant herauskristallisiert. Von diesen möchte er konkrete Angebote einholen.

Er teilt den ausgewählten Anbietern wesentliche Informationen über sein Unternehmen mit (z.B. Art und Größe des Unternehmens, derzeitige DV-Ausstattung, derzeitige Abläufe in der Materialwirtschaft). Um eine Vergleichbarkeit sicherzustellen, wird den Firmen das Pflichtenheft vorgelegt. Sie werden aufgefordert anzugeben, inwieweit sie die Inhalte erfüllen. Bezüglich der Inhalte des Pflichtenheftes reicht sicher ein einfaches Ankreuzen und Ausfüllen nicht aus. Es sind weitergehende Gespräche erforderlich, in denen insbesondere geklärt werden muß, welche Hardware-Voraussetzungen für die Software erforderlich sind.

Die eingehenden Angebote werden zunächst grob gesichtet. Negativ auffällige Angebote werden sofort aussortiert. Gründe für ein sofortiges Aussortieren können sein:

- Großteil der Anforderungen nicht erfüllt,
- zu hoher Preis,
- Support nicht gesichert,
- keine Referenzkunden.

Durch diesen Grobfilter wird erreicht, daß nur für eine geringe Anzahl von Angeboten die weiteren aufwendigen Schritte des Auswahlverfahrens durchgeführt werden müssen.

Auswahlverfahren

Für die Angebote, die in die engere Wahl gezogen werden, muß eine detaillierte Kosten-Nutzenanalyse durchgeführt werden.

Kostenanalyse

Die relevanten Kosten setzen sich aus Einmalkosten und laufenden Kosten zusammen [vgl. auch 1, S. 87ff.]. Die folgende Abbildung gibt einen Überblick über die wichtigsten Kostenarten bei betriebswirtschaftlicher Standardsoftware:

Bild 4.33: Kostenarten bei der Softwareanschaffung

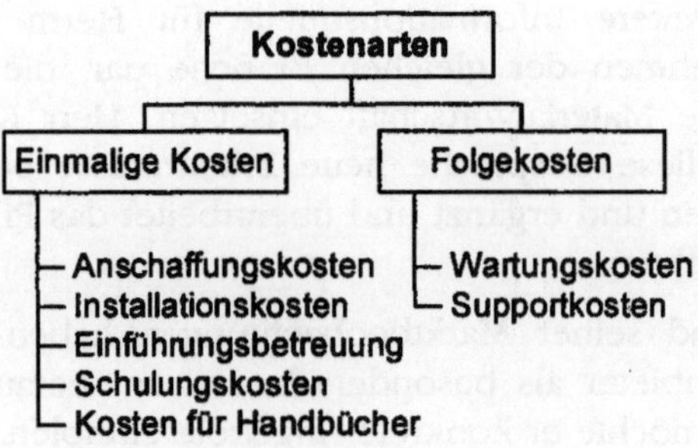

Die einmaligen Kosten fallen – wie der Name schon sagt – einmalig im Rahmen der Anschaffung an. Die Folgekosten hingegen stellen nach der Anschaffung einen laufenden Kostenfaktor dar. Sie werden daher auch als laufende Kosten bezeichnet.

Für den Vergleich der Kosten ist es wichtig, sie auf eine einheitliche Basis zu beziehen (z.B. Kosten pro Jahr). Bei den einmaligen Kosten kann der Jahresbezug hergestellt werden, indem der Absolutbetrag durch die voraussichtliche Nutzungsdauer der Software dividiert wird.

Die folgende Abbildung stellt ein Beispiel für eine Kostenanalyse dar:

Bild 4.34: Beispiel einer Kostenanalyse

A. Einmalige Kosten	
Anschaffungskosten	14.500,00 DM
Schulungskosten	
- 4 Schulungstage à 1.600,00 DM	6.400,00 DM
Installationskosten	
- 1 Tagessatz	1.600,00 DM
Handbücher	550,00 DM
Einführungsbetreuung	
- 2 Tagessätze à 1.600,00 DM	3.200,00 DM
Zwischensumme	**26.250,00 DM**
Voraussichtliche Nutzungsdauer in Jahren	5
Einmalige Kosten pro Jahr	**5.250,00 DM**

B. Folgekosten	
Wartungskosten/Jahr	2.600,00 DM
Supportkosten	
- monatlicher Pauschalbetrag à 100,00 DM	1.200,00 DM
Zwischensumme	**3.800,00 DM**

Gesamtkosten pro Jahr	**9.050,00 DM**

Ein ausschließlicher Kostenvergleich der Angebote ist nicht ausreichend, da gegebenenfalls geringe Kosten auch mit einem geringen Nutzen einhergehen können. Aus diesem Grund ist die Durchführung einer Nutzwertanalyse empfehlenswert.

Nutzwertanalyse

Für den Vergleich des Nutzens unterschiedlicher Softwareangebote bietet sich das Instrument der Nutzwertanalyse an. Die Nutzwertanalyse ermöglicht den Vergleich von Alternativen unter Berücksichtigung nicht-monetärer Bewertungsbedingungen. Der Vergleich der Alternativen erfolgt über die Ermittlung von Nutzwerten.

Die Ablaufschritte der Nutzwertanalyse stellen sich wie folgt dar:

1. Aufstellung der Kriterien,
2. Gewichtung der Kriterien,
3. Bewertung der Alternativen,
4. Bestimmung der Teilnutzen und Nutzwertermittlung.

Als Basis für die Aufstellung der Kriterien kann das Pflichtenheft herangezogen werden. Wichtig ist, daß die Kriterien überschneidungsfrei voneinander abgegrenzt werden.

Das Beispiel, das im folgenden dargestellt wird, stellt nur einen Ausschnitt aus einer umfassenderen Nutzwertanalyse dar.

Schritt 1: Aufstellung der Kriterien

Bild 4.35: Aufstellung der Kriterien

Kriterien
Grafische Benutzeroberfläche
Räumliche Nähe der Technikbereitschaft
Support
Schnittstelle zur Tabellenkalkulation
Probebetrieb vor Einführung

Schritt 2: Gewichtung der Kriterien

Im zweiten Schritt muß überlegt werden, welche Bedeutung den einzelnen Kriterien beigemessen wird. Die Kriterien werden im Hinblick auf ihre Bedeutung gewichtet. Die Gewichtung erfolgt mittels Prozentangaben, die in ihrer Summe 100 ergeben müssen.

Bild 4.36: Gewichtung der Kriterien

Kriterien	Gewichtung
Grafische Benutzeroberfläche	30%
Räumliche Nähe der Technikbereitschaft	20%
Support	20%
Schnittstelle zur Tabellenkalkulation	15%
Probebetrieb vor Einführung	15%

Schritt 3: Bewertung der Alternativen

Im dritten Schritt kann nun die Bewertung der einzelnen Alternativen vorgenommen werden. Die Bewertung kann z.B. mit einem Punktesystem von 1 bis 5 erfolgen.

In unserem Beispiel gehen wir von drei Anbietern aus, deren Angebote verglichen werden sollen.

Bild 4.37: Bewertung der Alternativen

Kriterien	Angebot A	Angebot B	Angebot C
Grafische Benutzeroberfläche	Ja (5 Pkt.)	Ja (5 Pkt.)	Nein (0 Pkt.)
Räumliche Nähe der Technikbereitschaft	150 km (3 Pkt.)	100 km (4 Pkt.)	20 km (5 Pkt.)
Support	8.00-16.00 (4 Pkt.)	10.00-17.00 (3 Pkt.)	7.00-20.00 (5 Pkt.)
Schnittstellen zur Tabellenkalkulation	Ja (4 Pkt.)	Ja (5 Pkt.)	Nein (0 Pkt.)
Probebetrieb vor Einführung	Ja (5 Pkt.)	Ja (5 Pkt.)	Ja (5 Pkt.)

Schritt 4: Bestimmung der Teilnutzen und Nutzwertermittlung

Die jeweiligen Bewertungen werden mit den entsprechenden Gewichtungen der Kriterien multipliziert. Daraus ergeben sich die Teilnutzen. Der Teilnutzen ist der Nutzen in bezug auf ein Zielkriterium. So beträgt z.B. der Teilnutzen des Angebots A bezogen auf das Kriterium „Grafische Benutzeroberfläche" 1,50 (= 30% x 5). Eine Addition der Teilnutzen aller Kriterien ergibt den Nutzwert der einzelnen Alternativen. Der Nutzwert für das Angebot A beträgt 4,25.

Bild 4.38: Bestimmung der Teilnutzen und Nutzwertermittlung

Kriterien	Gewicht	Bewertung / Bestimmung der Teilnutzen A		B		C	
Grafische Benutzeroberfläche	30%	5	1,50	5	1,50	0	0,00
Räumliche Nähe der Technikbereitschaft	20%	3	0,60	4	0,80	5	1,00
Support	20%	4	0,80	3	0,60	5	1,00
Schnittstellen zur Tabellenkalkulation	15%	4	0,60	5	0,75	0	0,00
Probebetrieb vor Einführung	15%	5	0,75	5	0,75	5	0,75
	100%		4,25		4,40		2,75

Anhand der Bestimmung der Teilnutzen und der Nutzwertermittlung kann nun eine erste Beurteilung der Anbieter vorgenommen werden. Der Anbieter B weist mit 4,40 den höchsten Nutzwert auf.

Eine Entscheidung kann jedoch an dieser Stelle noch nicht getroffen werden, da noch kein Vergleich der Kosten für die Angebote durchgeführt wurde.

Es gibt auch Ansätze, bei denen die Kosten direkt als Kriterium in die Nutzwertermittlung mit einfließen. Bei zusammengefaßter Betrachtung besteht jedoch die Gefahr, daß schlechtere Nutzen-Einstufungen durch einen besonders günstigen Angebotspreis kompensiert werden.

Herr Kaufmann analysiert nun die drei Angebote unter Kostengesichtspunkten und vergleicht sie mit den berechneten Nutzwerten. Die Kosten ermittelt er unter Berücksichtigung des Schemas der Kostenanalyse.

Bild 4.39:
Gegenüberstellung der Kosten und der Nutzwerte

	Angebot A	Angebot B	Angebot C
A. Einmalige Kosten			
Anschaffungskosten	22.500,00 DM	23.600,00 DM	19.100,00 DM
Schulungskosten			
- 4 Schulungstage	6.400,00 DM	6.800,00 DM	6.400,00 DM
Installationskosten			
- 1 Tagessatz	1.600,00 DM	1.700,00 DM	1.600,00 DM
Handbücher	550,00 DM	465,00 DM	480,00 DM
Einführungsbetreuung			
- 2 Tagessätze	3.200,00 DM	3.400,00 DM	3.200,00 DM
Zwischensumme	**34.250,00 DM**	**35.965,00 DM**	**30.780,00 DM**
Voraussichtliche Nutzungsdauer in Jahren	5	5	5
Einmalige Kosten pro Jahr	**6.850,00 DM**	**7.193,00 DM**	**6.156,00 DM**
B. Laufende Kosten/Jahr			
Wartungskosten/Jahr	2.600,00 DM	3.500,00 DM	4.000,00 DM
Supportkosten	1.200,00 DM	1.680,00 DM	1.200,00 DM
Zwischensumme	**3.800,00 DM**	**5.180,00 DM**	**5.200,00 DM**
Gesamtkosten pro Jahr	**10.650,00 DM**	**12.373,00 DM**	**11.356,00 DM**
Nutzwerte	**4,25**	**4,40**	**2,75**

Betrachtet Herr Kaufmann ausschließlich die Nutzwerte, müßte er sich für Angebot B entscheiden. Bei ausschließlicher Kostenbetrachtung würde er sich für das Angebot A entscheiden.

Herrn Kaufmann sind die zusätzlichen Nutzenaspekte der Alternative B sehr wichtig. Er möchte aufgrund seiner Ergebnisse erneut in Verhandlung gehen. Er hat zwei Möglichkeiten:

- Verhandlung mit dem Anbieter A mit der Zielsetzung der Verbesserung der Nutzenbeurteilung,
- Verhandlung mit dem Anbieter B mit der Zielsetzung der Verbesserung der Kostenbeurteilung.

Nach Durchführung der Verhandlungen und einem Entgegenkommen des Anbieters B entscheidet sich Herr Kaufmann für das Angebot B.

Vertragsabschluß

Nach der Entscheidung für Anbieter B kommt es zum Vertragsabschluß. Es sind im Softwarebereich unterschiedliche Vertragsformen möglich:

- Kaufvertrag,
- Mietvertrag,
- Werkvertrag,
- Lizenzvertrag.

Der Vertrag (z.B. Kaufvertrag) sollte u.a. folgende Aspekte beinhalten:

- Kaufpreis,
- Folgekosten (Wartung, Support),
- Art und Umfang der Wartungsleistungen,
- Art und Umfang des Supports,
- Haftungsfragen,
- Angaben über den Leistungsumfang (Pflichtenheft),
- Ablauf von Einführung und Schulung,
- Rücktritts- und Kündigungsmöglichkeiten,
- Gewährleistungsvereinbarungen.

Installation

Installation bezeichnet das Einrichten der Software auf den oder die Computer des Käufers. Die Installation wird – je nach Umfang und Komplexität – durch den Käufer oder durch den Hersteller durchgeführt. In diesem Zusammenhang werden gegebenenfalls bestehende Stammdaten übernommen.

Es ist sinnvoll, spätestens zu diesem Zeitpunkt auf beiden Seiten (Käufer und Verkäufer) einen Projektverantwortlichen festzulegen.

Schulung und Einführung

Vor der eigentlichen Einführung der neuen Software werden Schulungen durchgeführt. Der Zeitpunkt der Schulungen sollte kurz vor der Einführung liegen, damit ein kurzfristiger Transfer des Erlernten in die Praxis möglich ist.

Die Schulungen werden so geplant, daß jeder Mitarbeiter die Bedienung der Programmteile lernt, die er für seine Tätigkeiten benötigt. So muß z.B. nicht jeder Mitarbeiter die Anlage und Pflege der Stammdaten beherrschen. Es ist sogar empfehlenswert, diese Tätigkeiten auf bestimmte Mitarbeiter zu beschränken. Damit ist eine Zuweisung von Verantwortung auf fest definierte Mitarbeiter sichergestellt. Auch das Erstellen von Statistiken und Diagrammen muß nicht jeder Mitarbeiter beherrschen.

Grundlagenschulungen

Es ist sinnvoll, für Mitarbeiter, die keine Vorkenntnisse im Umgang mit einem Computer besitzen, vor der eigentlichen Schulung des Programms allgemeine Grundlagenschulungen durchzuführen. Inhalte sollten sein:

- Aufbau eines Computers,
- wichtige Begriffe der Informationsverarbeitung,
- Aufbau und Bedienung der Tastatur,
- Handhabung der Maus,
- Fenstertechnik,
- Einsatz und Bedienung von Druckern,
- Speichermedien,
- Grundlegendes zur Dateiorganisation.

Schulung und Einführung

Damit ergibt sich dann das folgende gestaffelte Schulungs- und Einführungsmodell:

1. Grundlagenschulung für Mitarbeiter ohne Vorkenntnisse,
2. Stammdatenschulung für ausgewählte Mitarbeiter,
3. Anlage der Stammdaten,
4. Schulung des Programms für alle Anwender,
5. Probebetrieb,
6. Statistikschulung für ausgewählte Mitarbeiter,
7. Echtbetrieb.

Vorteilhaft ist es, wenn den Mitarbeitern vor der Echteinführung der Software ein Probelauf ermöglicht wird. Dies ist z.B. im Anschluß an die Programmschulung sinnvoll. So haben die Mitarbeiter die Möglichkeit, mit Echtdaten zu üben, ohne daß sie Angst haben müssen, etwas falsch zu machen. Während des Probelaufs werden auftauchende Fehler und Fragen schriftlich dokumentiert und mit dem Softwarehaus besprochen. Am Ende der Probephase werden alle Bewegungsdaten gelöscht, und es erfolgt der Startschuß für den Echtbetrieb.

4.8 Fragen und Aufgaben

1. In welche zwei Bestandteile wird Software eingeteilt?
2. Nennen Sie vier Aufgaben eines Betriebssystems.
3. Was verstehen Sie unter Online- und Offline-Betrieb?
4. Beschreiben Sie das Prinzip des Zeitscheibenverfahrens.
5. Was ist der Unterschied zwischen einer Interpretersprache und einer Compilersprache?
6. Was ist der Unterschied zwischen Individualsoftware und Standardsoftware?
7. Ist es sinnvoll, das Datenbankfeld „Kundenname" als Primärschlüssel zu definieren? Begründen Sie Ihre Antwort.
8. Ein Ziel in der Datenbankorganisation ist die Vermeidung redundanter Daten. Was sind redundante Daten? Welche Nachteile sind mit redundanten Daten verbunden?
9. Nennen Sie die vier hierarchischen Ebenen der Pyramide eines Informationssystems.
10. Nennen Sie die neun Phasen des Softwareauswahlverfahrens.
11. Welche Kosten sind im Rahmen der Kostenanalyse für eine Softwareanschaffung zu berücksichtigen.
12. Nennen Sie die vier Ablaufschritte einer Nutzwertanalyse.

5 Datenübertragung

5.1 Einführendes Beispiel

ABC GmbH

Die ersten Überlegungen bezüglich der Rechnerausstattung und der einzusetzenden Software konnte Herr Kaufmann bereits anstellen. In einem nächsten Schritt muß er sich Gedanken machen, auf welche Weise die Computer miteinander vernetzt werden sollen und wie er z.B. mit seinen Lieferanten und Kunden über seine Computer in Verbindung treten kann.

Herr Kaufmann möchte in der ABC GmbH ein Netzwerk einrichten, das ausgewählten Mitarbeitern ermöglichen soll, auf zentral abgespeicherte Daten zuzugreifen.

Weiterhin möchte Herr Kaufmann die Möglichkeiten des Internets nutzen. Er stellt sich vor, daß er viele potentielle Kunden über das Internet erreichen kann. Bisher hat er Anzeigen in überregionalen Zeitschriften und Fachmagazinen geschaltet. Das Internet soll ihm nach Möglichkeit bei der Erschließung weiterer Kundengruppen hilfreich sein.

Schließlich möchte er große Teile seines Schriftverkehrs auf die neuen elektronischen Medien übertragen. Er interessiert sich insbesondere für das E-Mailing.

Für Herrn Kaufmann stellen sich bei diesen Überlegungen u.a. folgende Fragen:

- Wie funktioniert eine Datenübertragung?
- Welche Möglichkeiten bietet die ISDN-Telekommunikation?
- Welche Vorteile bietet ein Netzwerk neben der Nutzung eines gemeinsamen Datenbestandes?
- Welche Netzwerkformen gibt es?
- Was sind Netzwerkprotokolle?
- Welche Möglichkeiten bietet das Internet?
- Was ist ein Intranet?

5.2 Überblick

Datenübertragung

Wenn Daten von einem Rechner zu einem anderen Rechner unter Benutzung von Übertragungsmedien transportiert werden, spricht man von Datenübertragung.

ABC GmbH

Ein Händler weist Herrn Kaufmann darauf hin, daß für die Datenübertragung ganz bestimmte technische Voraussetzungen erfüllt sein müssen. Für die Anbindung an das Internet muß die ABC GmbH einen Computer kommunikationsfähig machen. Dazu wird ein Modem oder eine ISDN-Karte benötigt. Darüber hinaus muß Herr Kaufmann die ABC GmbH bei einem Online-Anbieter (Provider) anmelden.

Bezogen auf die Vernetzung der Computer innerhalb der ABC GmbH vermittelt ihm ein Händler zunächst die technischen Grundlagen der Datenübertragung. Dies ist für das Verständnis der Netzwerktechnologien grundlegend. Anschließend stellt er ihm unterschiedliche Netzwerkformen und die entsprechenden technischen Voraussetzungen vor. So erfordern z.B. bestimmte Netzwerkformen die Einbindung von Netzwerkkarten in die PC.

5.3 Technische Grundlagen

5.3.1 Sender- und Empfängermodell

Damit überhaupt Daten übertragen werden können, muß es mindestens einen Sender und einen Empfänger geben.

Bild 5.1: Sender- und Empfängermodell

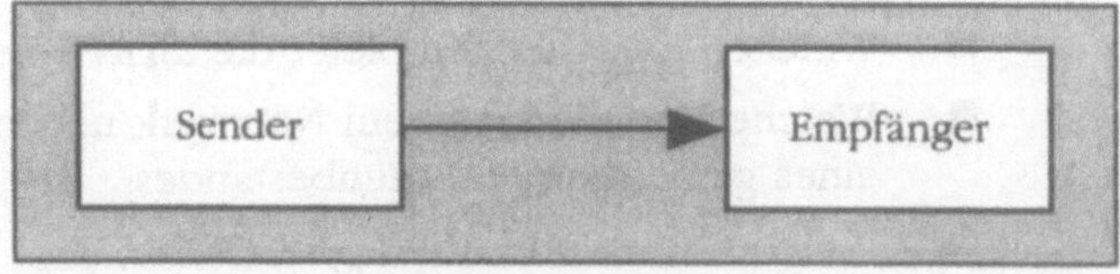

Eine weitere Voraussetzung ist, daß Sender und Empfänger Kommunikationsmittel benutzen, die für beide verständlich sind. Um dies zu gewährleisten, gibt es verschiedene Normen, die die Kommunikationspartner berücksichtigen müssen.

ABC GmbH

Herr Kaufmann möchte z.B. eine Produktbeschreibung an einen Kunden übertragen. Ein Mitarbeiter hat die Produktbeschreibung an einem Computer erstellt und auf der Festplatte gespeichert. Nun muß dieser Text auf den Computer des Kunden übertragen werden. Zwischen beide Computer muß dafür ein Übertragungsmedium geschaltet werden.

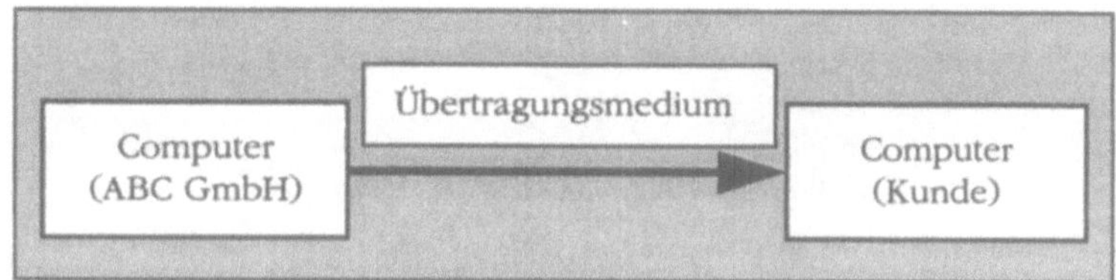

Bild 5.2: Datenübertragungsmedium

Bei dem Übertragungsmedium handelt es sich typischerweise um eine Telefonleitung.

Die miteinander verbundenen Computer werden jeweils als Datenendeinrichtungen (DEE) bezeichnet. Eine mit der Datenendeinrichtung verbundene Datenübertragungseinrichtung (DÜE) bereitet die Daten der verbundenen Computer so auf, daß sie über die jeweiligen Datenübertragungsmedien übertragen werden können.

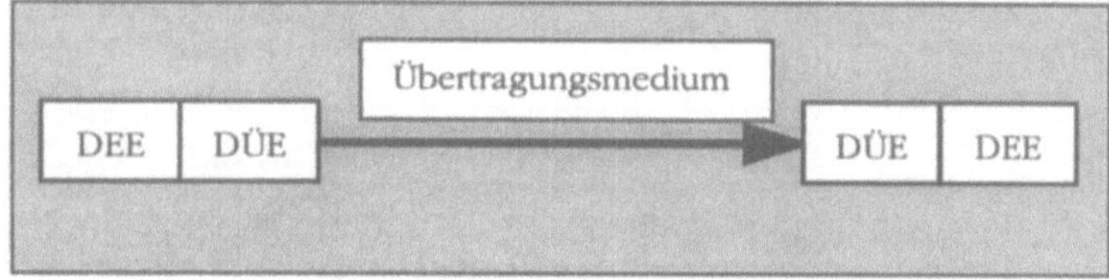

Bild 5.3: Datenendeinrichtung, Datenübertragungseinrichtung und Übertragungsmedium

Bei der Datenübertragungseinrichtung kann es sich um ein Modem oder eine ISDN-Karte handeln. Jede technische Datenübertragungseinrichtung wandelt die zu übertragenden Informationen in übertragbare Signale um.

Die Übertragungsmedien, die Übertragungsarten sowie Verfahren zur Fehlererkennung und –behandlung werden im folgenden näher erläutert.

Das Grundmodell einer DV-Einrichtung wird durch den Aspekt der Datenübertragung folgendermaßen erweitert:

Bild 5.4:
Grundmodell einer DV-Einrichtung Stufe 5

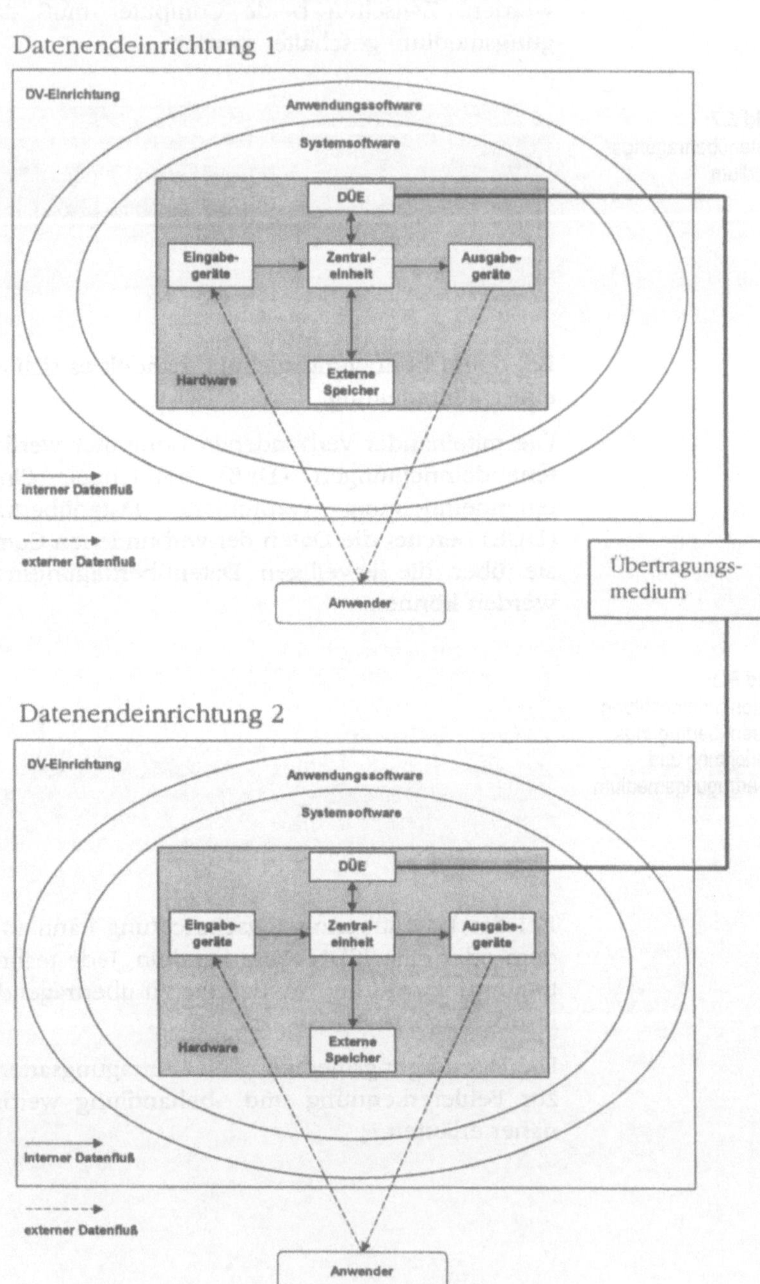

5.3.2 Übertragungsmedien

Für die Datenübertragung gibt es unterschiedliche Medien, die je nach Entfernung und Leistungsanforderung zum Einsatz kommen [vgl. 5, S. 1008ff.]:

Bild 5.5: Übertragungsmedien

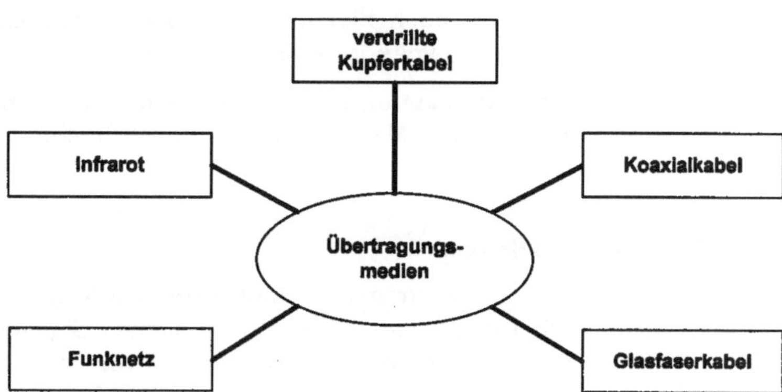

Verdrillte Kupferkabel sind relativ kostengünstige und einfach zu verlegende Medien. Sie bestehen aus zwei Kupferleitern mit ca. 0,6 mm Durchmesser, die miteinander verdrillt sind. Die Datenübertragung erfolgt auf elektrischem Wege. Verdrillte Kupferkabel haben den Nachteil einer relativ hohen Störanfälligkeit, z.B. durch elektromagnetische Wellen.

Ein Koaxialkabel besteht aus zwei Kupferleitern, die ineinander liegend (koaxial) angeordnet sind. Koaxialkabel haben einen Durchmesser von fünf bis zehn Millimetern. Die Datenübertragung erfolgt elektrisch. Die ineinanderliegende Anordnung der Kupferleiter bewirkt eine sehr große Sicherheit gegen Störungen durch elektrische Felder von außen.

Glasfaserkabel übertragen im Gegensatz zum Kupfer- und Koaxialkabel keine Spannung sondern Lichtwellen. Sie benötigen einen speziellen Mantel, damit die Lichtwellen im Medium verbleiben und durch fortlaufende Spiegelung und Brechung übertragen werden können. Glasfaserkabel können beliebig gekrümmt und auch verknotet werden. Sie verursachen höhere Kosten als Kupfer- und Koaxialkabel (sowohl bei der Anschaffung als auch bei der Verarbeitung/Verlegung).

Funknetze und Infrarot-Übertragung sind drahtlose Übertragungsmedien. Sie kommen dort zum Einsatz, wo keine Kabelverbindungen möglich oder erwünscht sind. Die Datenübertragung beim Einsatz von Funk erfolgt mittels elektromagnetischer Wellen. Funknetze können für lange Distanzen genutzt werden (interkontinentale, globale Übertragung). Infrarotstrahlen werden für die drahtlose Übertragung in lokalen Netzen genutzt. Es handelt sich auch hier um unsichtbare elektromagnetische Wellen. Ihre Reichweite ist jedoch begrenzt.

Die Übertragungsgeschwindigkeiten sind je nach Kabelgüte und eingesetzten Medien unterschiedlich hoch.

5.3.3 Codierung

Die zu übertragende Information muß in eine für das jeweilige Übertragungsmedium verständliche Signalform umgewandelt werden. Dieser Umwandlungsprozeß wird als Codierung bezeichnet. Der Empfänger muß wiederum in der Lage sein, die Signale in die ursprüngliche Information zurückzuverwandeln. Die Datenübertragungseinheit des Empfängers muß also eine Rückumwandlung durchführen.

ASCII

Eine weit verbreitete Codierung erfolgt auf der Basis der ASCII-Tabelle. ASCII steht für „American Standard Code for Information Interchange", also für einen amerikanischen Standard für Informationsaustausch (siehe auch Kapitel 2.5). In der ASCII-Tabelle ist definiert, welche Bitfolge für welches Zeichen steht.

So sieht beispielsweise der Name von Herrn Kaufmann nach ASCII-Code folgendermaßen aus:

Bild 5.6: Beispiel für eine ASCII-Code-Zuordnung

Buchstabe	ASCII Code
K	01001011
a	01100001
u	01110101
f	01100110
m	01101101
a	01100001
n	01101110
n	01101110

5.3.4 Analoge und digitale Übertragung

Die Übertragung von Informationen z.B. über Telefonleitungen (Hauptübertragungsmedium) kann grundsätzlich in analoger oder digitaler Form erfolgen.

Modem

Bei der analogen Frequenzmodulation (FM) werden die digitalen Signale (Rechteckimpulse) des Computers in zwei definierte Frequenzen (Töne) umgewandelt, um die 1 und die 0 (Bits) darzustellen. Die Töne können nun mittels analoger Telefonleitungen übertragen werden. Der Empfänger wandelt die analogen Töne wieder in digitale Signale um. Diese Umwandlung wird als Modulation und Demodulation bezeichnet. Die Geräte, die diese Umwandlung vornehmen, werden mit dem Begriff „Modem" bezeichnet.

ISDN

Digitale Telefonleitungen sind in der Lage, die digitalen Rechteckimpulse des Computers direkt zu übertragen. In Deutschland heißt das digitale Telefonnetz ISDN (Integrated Services Digital Network = ein digitales Netz mit integrierten Diensten).

5.3.5 Richtung der Verbindung

Hinsichtlich der Richtung des Kommunikationsflusses im Rahmen der Datenübertragung werden folgende Verbindungsarten unterschieden:

- Simplexverbindung,
- Halbduplexverbindung,
- Duplexverbindung.

Eine einfache Simplexverbindung liegt vor, wenn das Senden immer nur in eine Richtung erfolgt. K1 ist immer der Sender und K2 ist immer der Empfänger.

Bild 5.7: Simplexverbindung

Bei einer Halbduplexverbindung können die Kommunikationspartner immer nur wechselseitig senden und empfangen. Erst sendet K1 und K2 empfängt, anschließend sendet K2 und K1 empfängt:

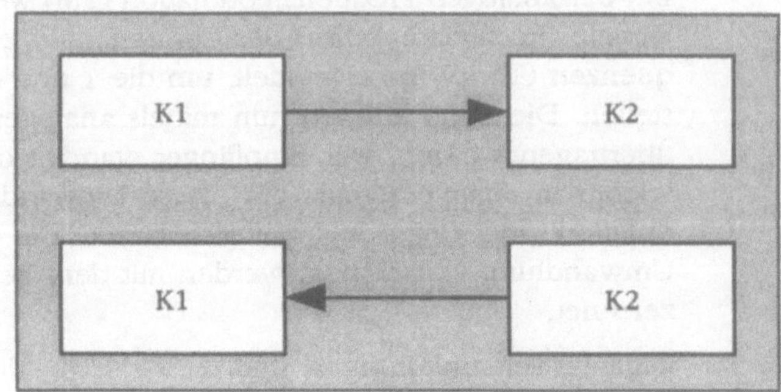

Bild 5.8: Halbduplexverbindung

Können die Kommunikationspartner K1 und K2 beide gleichzeitig senden und empfangen, liegt eine Duplex- bzw. Vollduplexverbindung vor:

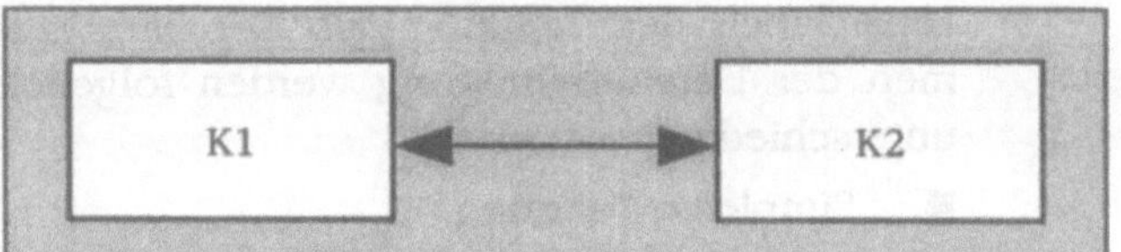

Bild 5.9: Duplexverbindung

5.3.6 Asynchrone und synchrone Übertragung

asynchron

Die asynchrone Übertragung ist ein Verfahren, das Daten zeichenweise überträgt. Ein typisches Beispiel für eine asynchrone Übertragung ist die Telegrafie, bei der eine zu übertragende Nachricht zeichenweise durch den Telegrafen eingegeben wird. Jedes Zeichen, das vom Telegrafen eingegeben wird, wird einzeln „verpackt" und über das Kabel geschickt.

Die Funktionsweise der asynchronen Übertragung ist recht einfach: Bevor die Übertragung beginnt, wird die Leitung z.B. so geschaltet, daß sie fortlaufend nur das Signal für die 1 überträgt. Wird jetzt ein Zeichen übertragen, gibt es die Vereinbarung, daß das Zeichen mit einer 0 beginnt. Daran erkennt der Empfänger, daß ein Zeichen folgt, da die fortlaufende Übertragung des Signals für die 1 unterbrochen wurde. Dieses Beginnzeichen wird als Startbit bezeichnet. Nach dem Startbit werden die sieben oder acht Bits für das Zeichen übertragen. Anschließend werden ein oder zwei Bits übertragen, die das Ende kennzeichnen. Sie werden als Stopbits bezeichnet.

Bild 5.10: Asynchrone Steuerung über Start- und Stopbits

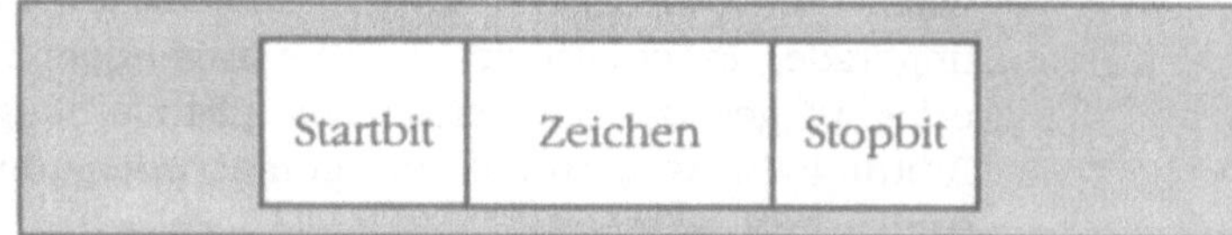

Das zu übertragende Zeichen wird also als eigenes Datenpaket „verpackt" und übertragen. Ob ein Zeichen aus sieben oder acht Bits besteht, ist abhängig von den jeweiligen Kommunikationsgeräten und der zugrunde liegenden Codetabelle.

Das Verfahren der asynchronen Übertragung ist nicht für die Übermittlung großer Datenmengen geeignet. Durch die erforderliche Übertragung der Start- und Stopbits für jedes Zeichen bläht sich das Datenvolumen erheblich auf.

synchron

Die synchrone Übertragung zeichnet sich durch einen Gleichlauf des Datenstroms aus. Sie ist grundsätzlich für die Übertragung großer Datenmengen konzipiert. Bei diesem Verfahren werden eine definierte Anzahl von Zeichen zu einem gemeinsamen Datenpaket geschnürt.

Jetzt müssen für die Übertragung nur Anfang und Ende des Datenpaketes durch besondere Steuerzeichen gekennzeichnet werden (hier: „A" und „E"). Die Nettoausbeute der zu übertragenden Zeichen erhöht sich dadurch signifikant.

Bild 5.11: Synchrone Steuerung durch Bildung von Datenpaketen

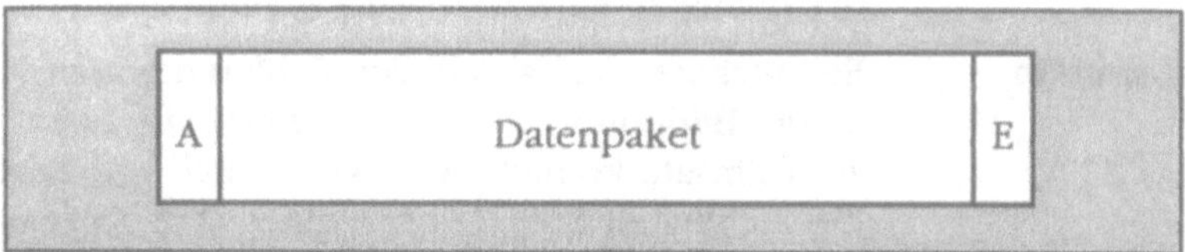

5.3.7 Fehlererkennung und -behandlung

Die Methoden zur Fehlererkennung und –behandlung im Rahmen der Datenübertragung sind zahlreich und abhängig von der angewandten Übertragungstechnik.

Paritätsprüfung

Ein sehr einfaches Verfahren zur Fehlererkennung ist die Paritätsprüfung, bei der ein zusätzliches Bit (Prüfbit) benutzt wird. Es wird – in Abhängigkeit von der Anzahl der Einsen (gerade oder ungerade) innerhalb des zu übertragenden Zeichens – auf „1" oder „0" gesetzt. Das Setzen des Prüfbits hängt von der Art der Prüfung ab. Es kann auf eine gerade oder ungerade Anzahl Einsen geprüft werden:

Beispiel:

- zu übertragendes Zeichen: 01100001,
- ungerade Prüfung: Das Prüfbit wird auf „0" gesetzt, da die Anzahl der Einsen bereits ungerade ist,
- gerade Prüfung: Das Prüfbit wird auf „1" gesetzt, um auf eine gerade Anzahl Einsen zu kommen.

Das Zeichen einschließlich Prüfbit wird nun übertragen. Ergibt sich bei ungerader Prüfung eine gerade Anzahl Einsen im übertragenen Zeichen, weiß der Empfänger, daß bei der Datenübertragung ein Fehler aufgetreten ist. Mindestens ein Bit hat sich bei der Übertragung „umgedreht" (eine 0 wurde zur 1 oder umgekehrt). Da die Paritätsprüfung jeweils ein Zeichen prüft, kommt sie bei der asynchronen Übertragung zum Einsatz.

Die Methode der Paritätsprüfung ist nicht sehr sicher, da sie nicht auf absolut gültige Übertragung prüft. Wenn sich z.B. zwei Bits entgegengesetzt „umgedreht" haben (eine 1 wurde zur 0 und eine 0 wurde zur 1) wird dies nicht erkannt, da nur die Anzahl der Einsen geprüft wird und diese unverändert bleibt. Auch wird durch dieses Verfahren nicht sichergestellt, daß die Bits an der richtigen Stelle des Bytes stehen.

Prüfkennziffern

Ein weiteres Verfahren der Fehlererkennung und –behandlung ist die Bildung von Prüfkennziffern, die beim Synchronverfahren zum Einsatz kommt. Hier wird durch ein Berechnungsverfahren die Richtigkeit aller Zeichen eines Datenblocks überprüft. Es gibt unterschiedliche Methoden, die sehr zuverlässig Fehler erkennen können. Bei der Berechnung kann auch berücksichtigt werden, welches Zeichen an welcher Stelle im Datenblock steht. Für die Datenblockprüfung gibt es normierte Verfahren, da Sender und Empfänger die gleiche Methode anwenden müssen.

Wird ein Fehler – unabhängig vom verwendeten Verfahren – erkannt, fordert der Empfänger den Sender auf, die Sendung zu wiederholen. Nach mehrmaliger erfolgloser bzw. fehlerhafter Sendung wird die Übertragung abgebrochen. Der Anwender erhält eine Fehlermeldung und kann entsprechend reagieren (Suchen nach der Fehlerursache etc.).

5.3.8 Datenkompression

Da die Datenübertragung mit Kosten verbunden ist und die Kosten vom Mengengerüst abhängen (je mehr Daten übertragen werden müssen, um so länger dauert der Übertragungsvorgang), gibt es Verfahren, um das Datenvolumen zu verkleinern (Datenkompression). Es gibt eine Vielzahl von Verfahren, auf die an dieser Stelle nicht detailliert eingegangen wird.

Ein großer Komprimierungsgrad ist z.B. bei Grafikdateien erreichbar. Ein bezüglich der Speichergröße sehr ungünstiges Dateiformat ist das Bitmap-Format. Bitmap-Dateien sind sogenannte Pixelgrafiken, d.h. bei einem Bild wird jeder einzelne Bildpunkt gespeichert. Eine Linie wird auf diese Weise also Punkt für Punkt gespeichert. Andere Grafikformate, z.B. Vektorgrafiken,

5.4 Öffentliches Netz: ISDN

Das ISDN (Integrated Services Digital Network) ist ein digitales Telekommunikationsnetz und bietet Übertragungsformen für unterschiedliche Dienste [vgl. 5, S. 1084ff.] wie z.B.:

- Telefon,
- Telefax (Gruppe 4),
- Bildschirmtext (T-Online),
- Bildtelefon,
- Zugang zu DATEX-P,
- Datenübermittlungsdienste (paketorientiert) über B- oder D-Kanal.

Auf einer Anschlußleitung können bis zu 30 Nutzkanäle gleichzeitig und unabhängig voneinander verwendet werden. Die

Übertragungsgeschwindigkeit dieser Kanäle beläuft sich auf jeweils 64 kBit/s (64.000 Bits pro Sekunde). Ein zusätzlicher Steuerkanal pro Anschluß dient zur Übertragung von Steuerinformationen. Beim Basisanschluß verfügt der Anwender über zwei Nutzkanäle (B1 und B2) sowie einen Steuerkanal D0, der neben der Übertragung von Steuerungsinformationen auch zur Datenübertragung genutzt werden kann. Zur Erhöhung der Übertragungsgeschwindigkeit können die Nutzkanäle gekoppelt werden. Für größere Telekommunikationsanlagen (TK-Anlagen) oder für die Anbindung von Rechnernetzen gibt es spezielle ISDN-Primärmultiplexanschlüsse.

Erweiterte Dienste

Das digitale Telefonieren bietet z.B. folgende erweiterte Dienste:

- Anklopfen,
- Anrufliste,
- Anrufweiterschaltung,
- Dreierkonferenz,
- Makeln,
- Rückruf,
- Anzeige der Rufnummer.

ABC GmbH

Die Anklopfen-Funktion führt dazu, daß ein Signalton ertönt, wenn während eines Gesprächs ein weiterer Gesprächspartner anruft.

Die Funktion der Anrufliste dient der Speicherung von Anrufwünschen während der Abwesenheit eines Teilnehmers. Herr Kaufmann kann später der Liste entnehmen, welche Personen ihn angerufen und nicht erreicht haben.

Die Anrufweiterschaltung ermöglicht, daß jeder Anruf, der für ein Telefon bestimmt ist, automatisch zu einer vorher festgelegten Rufnummer weitergeleitet wird. Herr Kaufmann kann diese Funktion z.B. nutzen, wenn er einen wichtigen Anruf auf seinem Firmentelefon erwartet, jedoch aus privaten Gründen nicht länger in der Firma verbleiben kann. Er kann die auf seiner Firmennummer eingehenden Gespräche auf sein Privattelefon weiterleiten.

Die Dreierkonferenz ermöglicht das gleichzeitige Telefonieren zu dritt.

Die Makeln-Funktion ermöglicht es, zwischen zwei Gesprächspartnern hin- und herzuschalten. Der jeweils wartende Teilnehmer kann dabei nicht mithören.

Die Rückruf-Funktion führt zu einem automatischen Rückruf nach Beendigung des Besetzt-Status beim gewünschten Teilnehmer. Angenommen, die Sekretärin von Herrn Kaufmann möchte einen Geschäftspartner anrufen. Der Anschluß ist jedoch besetzt. Sie aktiviert die Rückruf-Funktion. Das führt dazu, daß automatisch eine Verbindung hergestellt wird, sobald der Gesprächspartner sein Gespräch beendet. Es bleibt der Sekretärin dadurch erspart, durch wiederholte Wahlwiederholung selber das Ende des Gesprächs zu erkennen.

Eine weitere Funktion des ISDN ist die Anzeige der Rufnummer. Der Angerufene kann im Vorfeld erkennen, welcher Teilnehmer ihn erreichen möchte (sofern der Anrufende selbst ISDN-Teilnehmer ist).

Analog-Digital-Wandler

Für die ISDN-Übertragung ist die Umwandlung von analoger Sprache in digitale Signale erforderlich. Diese Umwandlung findet statt, indem das analoge Signal in jeder Sekunde 8.000 Mal gemessen wird. Ein Analog-Digital-Wandler wandelt anschließend jeden Meßwert in eine digitale Zahl um. Die Zahlen sind mit einem 8-Bit-Code verschlüsselt. 8.000 Zahlen (Meßwerte) in der Sekunde zu je 8 Bits entsprechen 64.000 Bits (64 kBit/s).

ISDN-Karten

Für den PC werden ISDN-Karten angeboten, die einen Direktanschluß an das digitale Netz ermöglichen. Unterschiedliche Online-Dienste (z.B. AOL, Telekom) bieten z.B. die Nutzung von speziellen Dienstleistungen des Internets an (vgl. hierzu Kapitel 5.6). Die ISDN-Karten gibt es in passiver und in aktiver Ausführung. Die aktive Karte entlastet den PC-Prozessor, ist dafür jedoch teurer als die passive Karte.

5.5 Netzwerke

Immer mehr Betriebe setzen im Bereich der Datenverarbeitung PC-Netzwerke ein.

Vorteile

Eine Vernetzung von Personal Computern bietet folgende Vorteile:

- gemeinsame Nutzung von Datenbeständen,
- gemeinsame Nutzung von Programmen,
- gemeinsame Nutzung teurer Peripheriegeräte,
- verbesserte Datenschutzmöglichkeiten,
- verbesserte Datensicherungsmöglichkeiten.

Durch einen gemeinsam zu nutzenden Datenbestand (z.B. Artikeldaten, Kundendaten, Lagerdaten) können alle Anwender im Netz auf stets aktualisierte und für alle gleiche Daten zurückgreifen. Die Daten werden nicht mehrfach in unterschiedlichen Bereichen gespeichert. Damit wird die Gefahr von abweichenden Datenbeständen (Inkonsistenzen) vermieden. Außerdem wird der Erfassungsaufwand wesentlich reduziert.

Für gemeinsam genutzte Programme kann ein Unternehmen sogenannte Netzwerklizenzen der Programme erwerben. Auf diese Weise lassen sich Software-Kosten reduzieren. Außerdem wird der Installations-, Update- und Anpassungsaufwand der Programme auf ein Minimum reduziert, da die DV-Abteilung die Programmpflege zentral durchführen kann.

Ein Netzwerk ermöglicht die gemeinsame Nutzung teurer Peripheriegeräte (z.B. Laser, Plotter, Scanner). Es bietet außerdem verbesserte Möglichkeiten des Datenschutzes, da ein zentraler Datenbestand einfacher zu kontrollieren ist.

Darüber hinaus können Arbeitsplatz-Computer im Netzwerk ohne Diskettenlaufwerke eingesetzt werden. Dadurch wird zum einen die illegale Entwendung von Daten erschwert und zum anderen das Einschleusen von Computerviren durch Mitarbeiter verhindert.

Ein Netzwerk schafft auch verbesserte Möglichkeiten der Datensicherung, da der Datenbestand jeden Tag zentral kontrolliert gesichert werden kann. Bei einem dezentral verteilten Datenbestand ohne Netzwerk muß jeder einzelne Mitarbeiter für die Sicherung seiner Daten verantwortlich gemacht werden.

Downsizing

Der Ersatz von mittlerer Datentechnik oder Großrechnertechnik durch PC-Netzwerke wird als „Downsizing" bezeichnet. Viele Betriebe verfolgen diese Ersatzstrategie mit der Zielsetzung, Kosten zu senken. Die Betriebe sind durch diesen Technikwechsel nicht mehr auf Spezialisten der Herstellerfirmen angewiesen, sondern können eigene Techniker oder Techniker des freien Marktes einsetzen. Die verwendeten Programme sind in der Regel kostengünstiger und in den Standardanwendungen wie Textverarbeitung, Tabellenkalkulation, Gestaltung und Grafik häufig leistungsfähiger.

5.5.1 Netzwerkformen

Abhängig von der Art der Verbindung und ihrer Struktur werden folgende Netzwerkformen unterschieden:

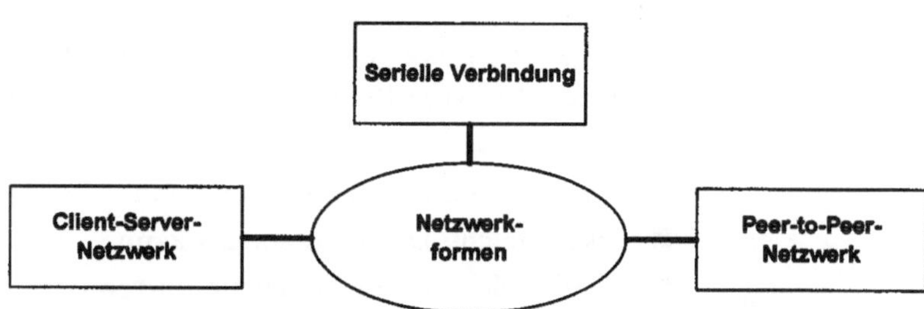

Bild 5.12: Netzwerkformen

Serielle Verbindung

Bei einer seriellen Verbindung werden die Computer über die serielle Schnittstelle unter Zuhilfenahme eines seriellen Kabels miteinander verbunden. Über spezielle Programme ist es möglich, Daten von Computer zu Computer zu senden und zu empfangen. Der Vorteil der seriellen Verbindung liegt in den geringen Kosten (günstige Software, serielle Schnittstelle ist bereits vorhanden, günstige und einfache Verkabelung). Ein wesentlicher Nachteil ist die geringe Übertragungsgeschwindigkeit.

Peer-to-Peer-Netzwerk

Im Peer-to-Peer-Netz kann jeder Computer mit jedem anderen Computer Daten austauschen. Des weiteren wird Netzwerkteilnehmern die Nutzung von Peripheriegeräte ermöglicht. Für diesen Zweck müssen die Geräte für das Netz freigegeben werden, wobei auch eine eingeschränkte Freigabe für ausgewählte Teilnehmer möglich ist. Netzwerkteilnehmer haben auch die Möglichkeit, Bereiche ihrer Festplatten für den Zugriff freizugeben. Sie können festlegen, wem der Zugriff erlaubt ist und ob der Zugriff nur lesend oder auch schreibend gestattet ist.

Peer-to-Peer-Netze eignen sich für Kleinstnetze in einem Arbeitsumfeld ohne besondere Sicherheitsanforderungen. Betriebssysteme wie Windows 98 und Nachfolger unterstützen diese Netzwerkform. Ein Peer-to-Peer-Netzwerk verursacht höhere Kosten als ein serielles Netzwerk. Die Computer müssen jeweils mit einer Netzwerkkarte ausgestattet werden. Zudem wird eine spezielle Verkabelung benötigt (z.B. Koaxialkabel).

Client-Server-Netzwerk

Auch bei einem Client-Server-Netzwerk sind die Computer über Netzwerkkarten miteinander verbunden. Im Gegensatz zu einem Peer-to-Peer-Netzwerk gibt es jedoch einen zentralen Computer (Server). Der Server ist ein PC, der im Normalfall über eine oder mehrere besonders große Festplatten und einen großen Arbeitsspeicher verfügt.

Gemeinsam genutzte Programme und Daten befinden sich auf dem Server. Auf dem Server befindet sich ebenfalls ein spezielles Netzwerk-Betriebssystem (z.B. UNIX, Windows-NT oder Novell). Über das Netzwerk-Betriebssystem wird z.B. geregelt,

- wer zu welcher Zeit welche Programme benutzen darf,
- wer welche Daten einsehen kann,
- wer welche Daten verändern kann,
- wer welche Peripheriegeräte nutzen darf.

Ein speziell ausgebildeter Mitarbeiter ist für den Betrieb des Netzwerk-Betriebssystems verantwortlich. Zu seinen Aufgaben gehören z.B.:

- die Vergabe von Zugriffsrechten für die Mitarbeiter,
- die Veränderung der Rechte der Mitarbeiter im Netz,
- die Einbindung von Peripheriegeräten in das Netz und die Festlegung der Zugriffsrechte auf diese Geräte,
- die Datenpflege und die Datenüberprüfung,
- die Datensicherung.

ABC GmbH

In der ABC GmbH kommt ein Client-Server-Netzwerk zum Einsatz. Die neu angeschaffte Software wird zentral auf dem Server installiert. Die Mitarbeiter der DV-Abteilung regeln die Zugriffsrechte für die betroffenen Mitarbeiter über das eingesetzte Netzwerkbetriebssystem. Es werden Hochleistungsdrucker angeschafft, die durch die Mitarbeiter von ihren jeweiligen Arbeitsplätzen aus angesteuert werden können. Die DV-Abteilung ist für die tägliche Datensicherung zuständig.

5.5.2 Räumliche Ausprägung von Netzwerken

Netzwerke können auch hinsichtlich ihrer räumlichen Ausprägung unterschieden werden:

Bild 5.13: Räumliche Ausprägung von Netzwerken

LAN

Die Netzwerkform des Local Area Network (LAN) ist weit verbreitet. Ein LAN ist in der Regel auf ein Gebäude beschränkt und kann in verschiedene Abteilungsnetze unterteilt sein. Bei den Zugangsverfahren (z.B. bei Datenzugriffen) werden vor allem CSMA/CD und Token-Ring eingesetzt. Sie haben die Aufgabe, die Verkehrsregeln im Netz vorzugeben und zu kontrollieren.

Das CSMA/CD-Verfahren läßt Datenkollisionen grundsätzlich zu, sie werden erkannt und die beteiligten Computer veranlaßt, nach einer Pause erneut zu senden. CSMA/CD steht für Carrier Sensing Multiple Access Collision Detection.

Das Token-Verfahren ist eine konfliktfreie Möglichkeit, die Senderechte auf einem Netz zu steuern. Das Token ist eine eindeutig definierte Folge von Bits, die immer um das Netz kreist. Nur der Rechner, der über das Token verfügt, darf Daten senden.

MAN

Ein Metropolitan Area Network (MAN) erstreckt sich auf eine Stadt oder eine Region. Der Netzbetreiber kann z.B. ein regionaler Anbieter sein, der seine Dienste für Bewohner und Firmen dieser Region zur Verfügung stellt.

WAN

Verfügt eine Firma z.B. über viele Unternehmensstandorte, die überregional verteilt und untereinander vernetzt sind, spricht man von einem Wide Area Network (WAN). Jeder Mitarbeiter kann sich auf gleiche Weise im WAN bewegen wie in einem LAN. In der Anwendung des Netzes bedeutet es für den Mitarbeiter keinen Unterschied, ob die Daten, die er gerade abruft, aus einer anderen Stadt oder aus einer anderen Etage stammen.

GAN

Ein Global Area Network (GAN) ist international – also länder- und kontinentübergreifend – strukturiert. Die Verbindung wird über Standleitungen und Satelliten realisiert.

5.5.3 Netzwerk-Topologien

Der Begriff „Topologie" bezeichnet, auf welche Weise die Computer in einem Netzwerk miteinander verbunden sind. Es gibt unterschiedliche Topologien (Bus, Stern, Ring u.a.), die jeweils für bestimmte Installationen zweckmäßig sind. Sie werden am Beispiel von Client-Server-Netzwerken dargestellt.

Im Busnetz sind alle Computer an einen Kabelstrang angeschlossen. Das Netz läßt sich einfach erweitern, indem neue Computer eingebunden werden. Am Anfang und Ende des Kabelstrangs befindet sich jeweils ein Abschlußwiderstand. Der Abschlußwiderstand zeigt dem System an, daß das Netz an dieser Stelle endet. Der Nachteil dieses Netzes besteht darin, daß ein Kabelfehler an beliebiger Stelle das gesamte Netz zum Erliegen bringt.

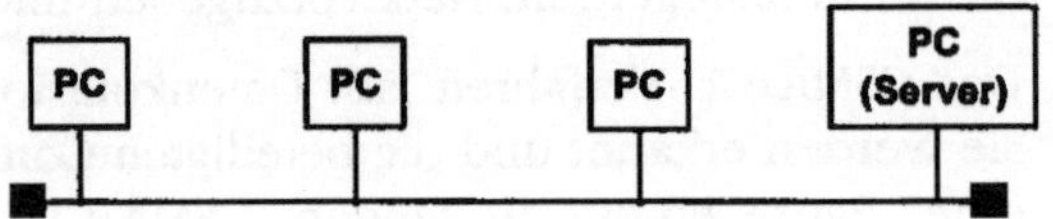

Bild 5.14: Bus

Bei einem Sternnetz gehen die Kabel sternförmig vom Server oder einem Verteiler an die angeschlossenen Computer. Jeder Computer ist also direkt mit dem Server verbunden. Ein Kabelfehler bewirkt hier keinen Totalausfall des Netzes. Das Sternnetz ist bezüglich der Verkabelung daher ein sehr sicheres Netz.

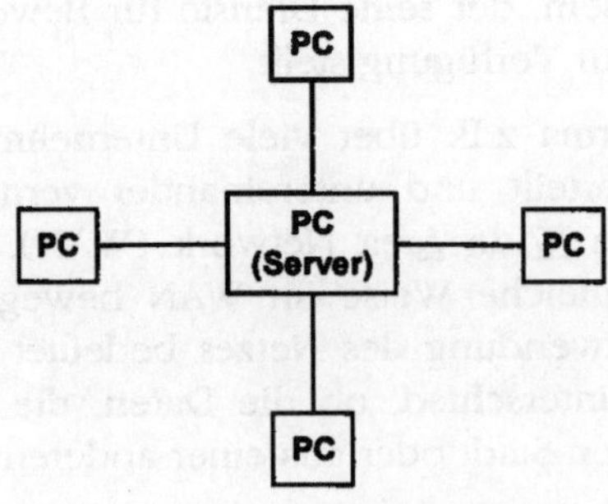

Bild 5.15: Stern

Bei einer ringförmigen Vernetzung gibt es einen zentralen Kabelring, an den die Computer angeschlossen sind. Auch hier ist in der Regel die Verkabelung sicher, da Kabelbrüche eher vom Computer zum Ring auftreten, aber selten im Ring selbst.

Bild 5.16:
Ring

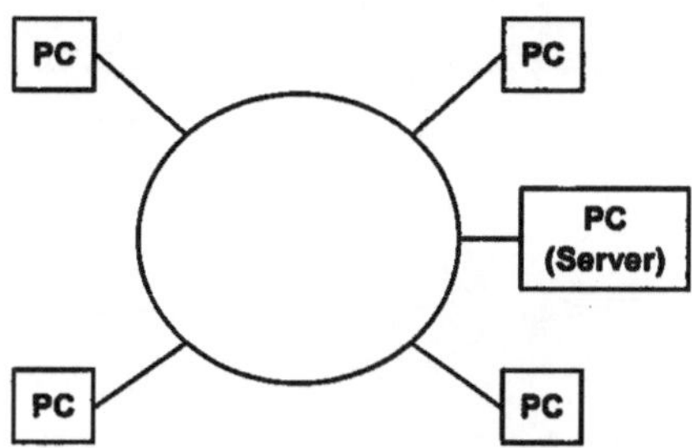

Weitere Topologien

Darüber hinaus treten in der Praxis Mischformen der oben genannten Topologien und spezielle Formen wie vermaschte Netze auf, die hier jedoch nicht weiter erörtert werden.

5.5.4 Netzwerkprotokolle

In den Verfahren und Definitionen der Netzwerkprotokolle werden die grundlegenden Regeln für die Kommunikation innerhalb des Netzwerkes festgelegt. Wie bei der menschlichen Kommunikation wird nur so ein Verständnis untereinander ermöglicht. Die Protokolle sind in mehreren Schichten aufgebaut. Sie übernehmen die Aufgaben eines „Dolmetschers".

In dem folgenden theoretischen Beispiel eines menschlichen Kommunikationsmodells (Bild 5.17) gibt es drei Schichten: Kommunikationspartner, Dolmetscher, Techniker. Zwei Kommunikationspartner, die unterschiedliche Sprachen sprechen (Deutsch und Japanisch) und in unterschiedlichen Ländern leben, möchten miteinander kommunizieren. Sie einigen sich auf eine gemeinsame Sprache (Englisch). Dolmetscher A übersetzt die Äußerungen des Partners A ins Englische und gibt sie an Techniker A weiter. Techniker A ist für die technische Übertragung der Informationen an Techniker B des anderen Landes zuständig. Techniker B empfängt die Informationen und gibt sie an Dolmetscher B weiter, der sie in die Sprache des Kommunikationspartners B übersetzt. Die Kommunikation verläuft mit Ausnahme der untersten Ebene (Schicht 1) vertikal. [vgl. 1, S. 129f.]

Bild 5.17: Beispiel eines Protokolls in der menschlichen Kommunikation

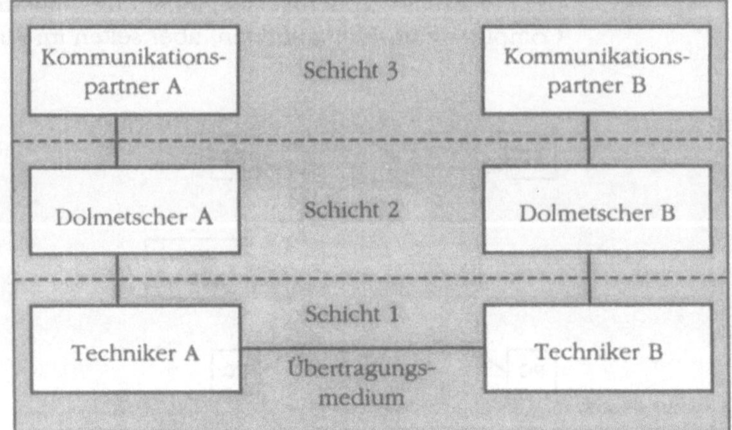

Für diese Kommunikation besteht also eine feste Absprache, um die Weitergabe der Informationen zu regeln. Doch wie sehen diese Regeln in der DV-gestützten Kommunikation aus? In der DV-gestützten Kommunikation werden drei Netzwerk-Protokolle unterschieden, die ebenfalls aus verschiedenen Schichten bestehen.

Bild 5.18: Netzwerkprotokolle

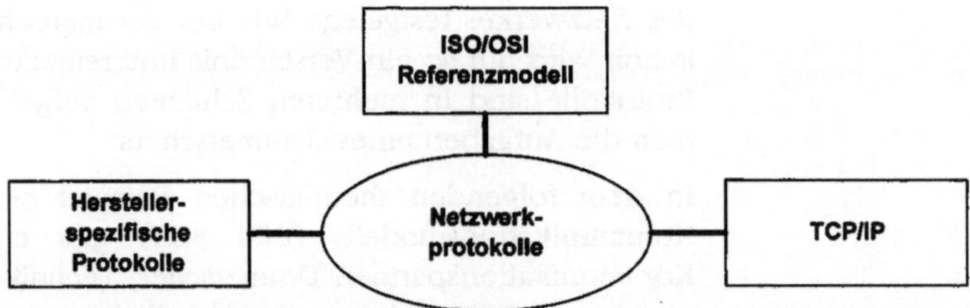

Das ISO-OSI-Referenzmodell

Das ISO-OSI-Referenzmodell ist ein allgemeines Modell für die Kommunikation zwischen Datenstationen. ISO steht für International Standardization Organisation. OSI steht für Open Systems Interconnections.

Das ISO-OSI-Referenzmodell unterscheidet sieben Schichten, die in Transportsystem und Anwendersystem unterteilt werden [ausführlich in 5, S. 1047ff.]:

Bild 5.19: Funktionsschichten des ISO/OSI-Referenzmodell

System	Funktionsschichten
Anwendungssystem	Anwendungsschicht
	Datendarstellungsschicht
	Kommunikationssteuerungsschicht
Transportsystem	Transportschicht
	Vermittlungsschicht
	Sicherungsschicht
	Bitübertragungsschicht

Transportsystem

Die Bitübertragungsschicht definiert die physikalisch-technischen Eigenschaften der Übertragungsmedien. Hier wird z.B. festgelegt, mit welcher Spannung eine „1" dargestellt wird. Die Sicherungsschicht sichert die auf der Bitübertragungsschicht übertragenen Daten gegen Übertragungsfehler ab (z.B. durch Prüfziffern).

Die Vermittlungsschicht übernimmt die Adressierung sowie die Steuerung der Übertragungswege der Nachrichten (Routing). Zusätzlich regelt sie die Flußkontrolle, um Überlastungen zu verhindern. Im Überlastungsfall innerhalb eines Kommunikationssystems wird diese Schicht aktiv und stellt Fehlermeldungen für die Anwender zur Verfügung.

Die Transportschicht stellt den Anwendungsinstanzen die durch die unteren drei Schichten hergestellten technischen Verbindungen zur Verfügung. Unter Anwendungsinstanzen sind Programme zu verstehen, die dem Anwender eine Dialogsteuerung zur Verfügung stellen (z.B. Eingabefenster, Ausgabefenster, Fehlermeldungen im Klartext). So wird z.B. eine Netzadresse in einen logischen Namen übersetzt. Der Anwender kann auf diese Weise mit dem Namen „Artikelstamm" arbeiten, hinter der sich eine technische Netzwerkverbindung verbirgt.

Die ersten vier Schichten gewährleisten, daß die Nachrichten fehlerfrei und in der richtigen Reihenfolge an den Empfänger im Anwendersystem übergeben werden.

Anwendungssystem

Die Kommunikationssteuerungsschicht kümmert sich darum, eine Kommunikation aufzubauen und am Ende der Kommunikation wieder abzubauen. Kommt es während der Kommunikation zu Unterbrechungen, stellt sie die Verbindung wieder her.

Die Datendarstellungsschicht ermöglicht den Anwendungsinstanzen, die Datenstrukturen für den Datentransfer festzulegen.

Die Anwendungsschicht berücksichtigt die eigentlichen Inhalte. Hier kann der Anwender Abfragen formulieren und die Ergebnisse seiner Abfragen entgegennehmen und weiterverarbeiten (z.B. speichern, drucken). Von den darunter liegenden Ebenen nimmt der Anwender in der Regel keine Notiz.

Auch im ISO-OSI-Referenzmodell ist der Kommunikationsverlauf vertikal. Die Informationen werden schichtweise übertragen. Erst auf der Bitübertragungsschicht verläuft die Kommunikation horizontal (über das jeweilige Übertragungsmedium).

TCP/IP [vgl. 5, S. 1058ff.]

TCP/IP steht für Transmission Control Protocol/Internet Protocol. Es bezeichnet ein herstellerneutrales Anwendungs- und Transportprotokoll. Im Gegensatz zum ISO-OSI-Referenzmodell besteht das TCP/IP aus nur 4 Schichten:

Bild 5.20: Funktionsschichten des TCP/IP-Protokolls

System	Funktionsschichten
Anwendungssystem	Process/Application Layer
Transportsystem	Host-to-Host Layer
	Internet Layer
	Network Access Layer oder Local Network Layer

Das Anwendungssystem besteht aus einer Schicht, das Transportsystem aus drei Schichten.

Der Network Access Layer entspricht der Bitübertragungsschicht und der Sicherungsschicht des ISO-OSI-Modells. Der Internet-Layer übernimmt die gleichen Aufgaben wie die Vermittlungsschicht des ISO-OSI-Modells. Der Process/ Application Layer deckt die obersten drei Schichten des ISO-OSI-Modells ab.

IP

Das wesentliche Protokoll des Internet Layers ist das Protokoll IP (Internet Protocol). Dieses Protokoll übernimmt die Aufgabe, die Struktur der weltweit eindeutigen Internet-Adressen zu definieren.

TCP

Das wesentliche Protokoll des Host-to-Host Layers ist das Protokoll TCP (Transport Control Protocol), das für die Übertragung der Datenpakete verantwortlich ist.

Dienste

Das Anwendungssystem enthält eine Vielzahl von Protokollen, die spezifische Dienste zur Verfügung stellen wie z.B.:

- File Transfer Protocol (FTP) zur Übertragung von Dateien zwischen Computern,
- Simple Mail Transfer Protocol (SMTP) zur Übermittlung von E-Mail,
- Simple Network Management Protocol (SNMP) für das Netzwerk Management.

FTP und E-Mail werden in Kapitel 5.6.2 näher erläutert.

Herstellerspezifische Netzwerk-Protokolle

Des weiteren gibt es Netzwerk-Protokolle, die vom jeweiligen Hersteller der Datenverarbeitungsanlagen stammen. Sie werden auch als proprietäre Protokolle bezeichnet (z.B. IBM, DEC, Hewlett-Packard).

Zur Einbettung in eine TCP/IP- oder ISO/OSI-Struktur müssen Schnittstellen eingerichtet werden, damit die Kommunikation reibungslos funktionieren kann.

5.5.5 Kopplung von Netzen

In der Praxis besteht bei größeren Unternehmen häufig die Notwendigkeit, einzelne Netzwerke miteinander zu verbinden (Kopplung). Dies kann u.a. folgende Gründe haben:

- Ein PC-Netzwerk wird an einen Großrechner angebunden, um Daten des Großrechners zu übernehmen.
- Mehrere PC-Netze werden untereinander verbunden: Einzelne Abteilungsnetze bilden aus organisatorischen, räumlichen und Datenschutzgesichtspunkten unabhängige Netzwerke, können aber auf klar definierte Datenbereiche und Geräte gemeinsam zugreifen.

- Bei Überschreiten bestimmter Kabellängen schwächt sich das Signal des Datenstromes zu sehr ab, um eine fehlerfreie Übertragung zu garantieren. Aus diesem Grund muß es verstärkt werden. Es werden verschiedene Netzsegmente zu einem Gesamtnetz zusammengefügt.
- Zur Ermöglichung des Zugriffs von Kunden auf das Firmennetz ist eine Kopplung des Firmennetzes mit einem externen Netz (z.B. Telefonnetz) erforderlich. Dabei müssen alle externen Zugriffe streng reglementiert werden. Des weiteren muß gewährleistet sein, daß keine Computerviren eingeschleust werden können.

Für die dargestellten Zwecke werden folgende Kopplungseinheiten eingesetzt [vgl. 5, S. 1062ff., 11, S. 149/517f.]:

Bild 5.21: Kopplungseinheiten von Rechnernetzen

Kopplungseinheit	Aufgabe
Repeater	Verstärkung des Signals innerhalb eines Netzes
Bridge	Verbindung von Netzen mit unterschiedlichen Übertragungsmedien auf der Ebene der Sicherungsschicht
Switch	Verbindung von Netzen auf der Sicherungsschicht
Router	Wegewahl (routing), um Datenpakete gezielt auf den entsprechenden Zielknoten zu übertragen (Vermittlungsschicht)
Brouter	System, das je nach Bedarf als Bridge oder als Router eingesetzt werden kann
Gateway	Sammelbegriff für die o.a. Kopplungseinheiten oder eine Einrichtung, um Netze zu verbinden
Firewall	Komponente, die zwischen zwei Netze oder Teilnetze geschaltet ist, um unberechtigte Zugriffe zu verhindern

5.6 Internet

Das Internet ist ein weltweites und offenes Rechnernetz, das jedem zugänglich ist. Betriebe oder Privatpersonen können ihre Rechnernetze oder Einzelrechner anschließen und mit allen anderen angeschlossenen Benutzern kommunizieren.

Die Wurzeln des Internets sind auf Entwicklungen im US-amerikanischen Verteidigungsministerium aus dem Jahr 1969 zurückzuführen. Hier wurden Technologien entwickelt, die bei militärischen Auseinandersetzungen eine ausfallsichere Rechnerkommunikation zwischen den einzelnen Kommandozentralen und Einheiten der Armee gewährleisten sollten. Es gab eine enge Kooperation mit amerikanischen Universitäten. Bis 1993 wurde das Internet überwiegend im akademischen Bereich eingesetzt. Erst danach kam es zu einer Verstärkung der kommerziellen Verwendung [vgl. 5, S. 380].

Was ist das Internet heute?

5.6.1 Technische Grundlagen

Wie funktioniert das Internet eigentlich? Wie wird realisiert, daß die im Internet befindlichen Computer Daten austauschen können? [zu den folgenden Ausführungen siehe 7, S. 49ff.]

Das Wesentliche des Internets ist die Tatsache, daß die Computer nicht direkt miteinander verbunden sind. Wenn Computer A Daten an Computer B schickt, weiß Computer A nicht, welche Wege die Daten nehmen, um Computer B zu erreichen. Damit die Daten den richtigen Computer erreichen, werden sie u.a. mit einer Empfängeradresse versehen.

Das bedeutet jedoch nicht, das jeder PC eines Internet-Benutzers mit jedem anderen PC direkt kommunizieren kann. Jeder Internet-Benutzer muß zunächst durch ein Anmeldeverfahren mit einem Internet-Anbieter (Provider) und dessen Computersystem verbunden werden. Das Computersystem des Anbieters wird als „Host" bezeichnet. Der PC des Internet-Benutzers wird als „Client" bezeichnet. Der Informationsaustausch zwischen den Benutzern wird über den Host des jeweiligen Providers abgewickelt.

Netzwerkprotokolle

Die Übertragung von Daten im Internet wird durch die Netzwerkprotokolle geregelt. Das Internet basiert auf dem Netzwerkprotokoll TCP/IP. Die grundlegende Funktionsweise übernimmt der Protokollbestandteil IP, der in der Lage ist, Daten von einem

Sender an einen oder mehrere Empfänger zu schicken. Es prüft dabei jedoch nicht, ob die Daten angekommen sind und ob sie korrekt übertragen wurden. Diese Aufgaben übernimmt der Protokollbestandteil TCP. TCP bildet hinsichtlich der zu übertragenden Daten Prüfsummen, die im Rahmen der Netzkommunikation überprüft werden können. Weiterhin überprüft TCP das Zustandekommen der Verbindung zwischen Sender und Empfänger.

IP-Adressen

Da sich der IP-Bestandteil des TCP/IP um die Adressierung und Versendung der Daten kümmert, werden die Adressen im Internet als IP-Adressen bezeichnet.

Eine IP-Adresse hat einen fest definierten Aufbau: Es handelt sich um einen 32-Bit-Wert, der in vier Segmente unterteilt und durch Punkte getrennt wird. Jedes Segment repräsentiert also einen 8-Bit-Wert, der Zahlen zwischen 0 und 255 darstellen kann.

Eine IP-Adresse kann z.B. wie folgt aussehen:

123.123.123.123

Die IP-Adresse stellt also die Adresse anhand von Zahlen dar. Für die Anwender des Internets wäre es sehr schwierig, wenn nicht gar unmöglich, mit diesen Zahlenkürzeln direkt zu arbeiten. Aus diesem Grund werden als Vereinfachung für die Anwender Klartextnamen für die Adressierung zur Verfügung gestellt. Diese Klartextnamen werden mit dem Begriff „Domain Name" (DN, deutsch: Domänenname) bezeichnet. Ein Klartextname sieht z.B. folgendermaßen aus:

t-online.de

Zur Vereinfachung der Verwaltung der Vielzahl von Klartextnamen war eine hierarchische Strukturierung erforderlich. Es wurden Hauptbereiche festgelegt, in welche die Hostnamen eingeordnet werden. Diese oberste Ebene wird als „top level domain" bezeichnet. Zu erkennen ist diese „top level domain" an der Endung:

Bild 5.22: Beispiele für Domänennamen

Bezeichnung	Bedeutung
.de	Lokalisierung in Deutschland
.fr	Lokalisierung in Frankreich
.com	Kommerzielle Organisation

Doch auf welche Weise wird die Übersetzung von Klartextnamen in IP-Adressen und umgekehrt realisiert? Zuständig für die Übersetzung sind sogenannte „Domain Name Server" (DNS). Es handelt sich hierbei um Computer, die weltweit eingebunden sind. Sie enthalten Datenbanken, in denen die Klartextnamen und die zugehörigen IP-Adressen verwaltet werden.

5.6.2 Dienste des Internets

Internet-Dienste sind verschiedene Software-Produkte, die für die unterschiedlichen Kommunikationsformen im Internet eingesetzt werden.

Bild 5.23: Internet-Dienste

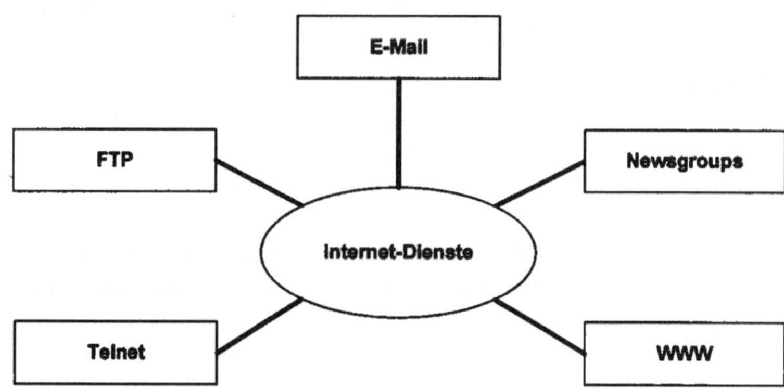

E-Mail

Die elektronische Post (E-Mail) zählt zu den bekanntesten Dienstformen des Internets. Im zunächst akademisch geprägten Internet-Einsatz wurden E-Mails genutzt, um wissenschaftliche Erkenntnisse auszutauschen. Heutzutage werden die Möglichkeiten des E-Mailing auch weltweit von Unternehmen und Privatpersonen genutzt.

Doch wie funktioniert E-Mailing? Eine zu versendende Nachricht wird zunächst am Computer erfaßt. Wie bei der herkömmlichen Briefpost muß anschließend eine Empfängeradresse (E-Mail-Adresse) angegeben werden.

E-Mail-Adressen

E-Mail-Adressen setzen sich aus dem Benutzernamen und dem Domänennamen des Hosts zusammen. Die beiden Namensbestandteile werden durch das Zeichen „@" getrennt. Dieses Zeichen wird als „at" bezeichnet. In Deutschland wird hierfür auch der Name „Klammeraffe" verwendet.

Beispiel für eine E-Mail-Adresse: kaufmann@abc-gmbh.de

Der Benutzername ist in diesem Beispiel „kaufmann", der Domänenname lautet „abc-gmbh.de".

Aufgrund der Empfängeradresse kann die E-Mail über das Internet zugestellt werden. Doch wie gelangt die E-Mail vom PC des Senders auf den PC des Empfängers?

Nach dem Absenden der E-Mail von dem PC, auf dem sie erfaßt wurde, wird sie zunächst auf dem Host des Senders gespeichert. Von dort wird die E-Mail auf den Host des Empfängers übertragen. Wenn der Empfänger seine E-Mails lesen möchte, werden sie von seinem Host auf seinen PC kopiert und auf dem Host gelöscht.

Mailinglisten

Eine weitere Funktion im Bereich des E-Mailing ist die Möglichkeit, sich in sogenannte Mailinglisten zu bestimmten Themenbereichen einzutragen. Diese Mailinglisten sind auf speziellen Hosts im Netz, den Listservern, hinterlegt. Wenn nun eine E-Mail an die Adresse einer bestimmten Mailingliste gesendet wird, sorgt der Listserver automatisch dafür, daß die E-Mail an alle Adressen der Mailingliste weitergeleitet wird.

Newsgroups

Newsgroups ermöglichen den Teilnehmern das Abfragen und Hinterlegen von Nachrichten, Berichten, etc. zu einem bestimmten Thema. Anders als bei Mailinglisten werden die Daten nicht automatisch in die persönliche Mailbox eines Benutzers übertragen. Vielmehr kann sich der Benutzer die eingetragenen Nachrichten aus dem aktuellen Bestand der Newsgroups selber auswählen und laden.

WWW (World Wide Web)

Das Word Wide Web (WWW) wurde 1989 in Genf entwickelt. Es handelt sich um ein Informationssystem, das Informationen in Form von Web-Dokumenten zur Verfügung stellt. Ein Web-Dokument ist eine Datei, die Texte, Grafiken, Tabellen etc. enthalten kann.

Hypertext

Die Web-Dokumente setzen das Hypertext-Verfahren ein, d.h. sie enthalten Schlüsselbegriffe in einer hervorgehobenen Darstellung (z.B. fett oder farbig unterlegt). Im WWW werden diese Schlüsselbegriffe als Links bezeichnet. Diese Links können mit der Maus angeklickt werden. Dadurch wird der Anwender automatisch an eine andere Stelle des Dokuments oder an eine festgelegte Stelle eines anderen Dokuments geführt, wo er weitere Informationen und weitere Links vorfindet. Nach diesem Prinzip funktioniert z.B. auch das Hilfesystem von Windows. Im Unterschied zu den Windows-Hilfedokumenten sind die Web-Dokumente jedoch nicht auf dem lokalen PC gespeichert, sondern auf Hostrechnern im Netz. Das WWW bietet die Möglichkeit, sich über die Links durch Dateien auf unterschiedlichsten Web-Servern zu bewegen („surfen").

HTML

Die Web-Dokumente werden durch eine Dokumentenbeschreibungssprache (HTML = Hypertext Markup Language) erzeugt. Anfänglich mußten HTML-Seiten programmiert werden. Mittlerweile gibt es leistungsfähige Programme zur Erstellung von HTML-Dokumenten. Selbst mit Standardsoftware – z.B. in Form von Textverarbeitungs- oder Tabellenkalkulationsprogrammen – können HTML-Dokumente erstellt werden.

Browser

Der Einstieg ins WWW erfolgt üblicherweise über sogenannte Browser. Browser sind Zugriffsprogramme, die HTML-Dokumente darstellen können. Das „Surfen" im Netz beginnt immer mit einer Startadresse, die im Browser eingegeben werden kann. Durch die Eingabe dieser Adresse wird ein Web-Dokument geladen und auf dem Bildschirm als Web-Seite dargestellt. Auf dieser Web-Seite stehen Links zur weiteren Verzweigung zur Verfügung. Selbstverständlich können auch immer wieder konkrete Web-Adressen eingegeben werden.

Web-Adresse

Doch was ist eine Web-Adresse und wie ist sie aufgebaut? Unter einer Web-Adresse wird die Adresse eines HTML-Dokuments auf einem Host verstanden. Die Web-Adresse wird auch als URL bezeichnet. URL steht für Uniform Resource Locator. Ein URL sieht z.B. folgendermaßen aus:

http://www.t-online.de

http:

Das Kürzel „http:" bezeichnet den Internet-Dienst. Der Internet-Dienst „http:" (hypertext transfer protocol) ist für die Web-Server zuständig. Die zwei Schrägstriche dahinter dienen als Trennsymbol. Anschließend folgt der Name der Domäne. Hinter dem Namen des Domänenservers (hier: www.t-online.de) können noch zusätzliche Angaben wie Ordnernamen der Festplatte sowie der Dateiname der HTML-Datei folgen. Ist dies – wie im obigen Beispiel – nicht der Fall, spricht man von einer sogenannten Homepage. Dabei handelt es sich um die Startseite des Anbieters, die den „Surfer" empfängt. Sie enthält in der Regel Links für einen tieferen Einstieg in das Angebot des Anbieters.

Telnet

Einer der ältesten Dienste des Internets ist Telnet. Es bietet die Möglichkeit, sich über das Internet an einem externen Host (Remote Host) anzumelden. Anschließend kann der Benutzer an dem Computersystem des Remote Host so arbeiten, als wenn er vor Ort an dem System arbeiten würde. Der Benutzer kann freigegebene Programme starten sowie Auswertungen und mögliche weitere Operationen auf dem Host durchführen. Die Eingaben erfolgen über die Eingabegeräte des Benutzer-PC und werden via Internet auf den Host übertragen. Die eigentliche Verarbeitung erfolgt auf dem Remote Host. Die Ausgabe wird wiederum via Internet auf den Bildschirm des Benutzer-PC übertragen.

Durch den Telnet-Dienst kann z.B. ein Mitarbeiter die Firmensoftware von einem Heimarbeitsplatz aus nutzen, indem er sich in den Firmenrechner einwählt.

FTP (File Transfer Protocol)

FTP ist ein Dienst zur Übertragung von Dateien zwischen Rechnern im Internet. Auf den sogenannten FTP-Servern sind Programme und Dateien zum Herunterladen (Download) gespeichert. Es gibt spezielle FTP-Server, die für alle zugänglich sind; sie werden als „Anonymous-FTP-Server" bezeichnet.

ABC GmbH

Herr Kaufmann entscheidet, Internet-Technologien in der ABC GmbH einzuführen, da er davon überzeugt ist, daß sich ein Unternehmen rechtzeitig mit den aktuellen Informations- und Kommunikationstechnologien auseinandersetzen muß. Dazu mietet die ABC GmbH bei einem Provider eine eigene Domäne mit dem Namen „abc-gmbh.de" an, um weltweit im Netz vertreten zu sein. Er sieht diesen Schritt als wichtigen Marketingfaktor. Auf der Homepage und den daran angegliederten Seiten stellt die ABC GmbH ihre Produkte und Dienstleistungen vor. Dabei ist die optische und inhaltliche Gestaltung sehr wichtig, da sie eine „Visitenkarte" des Unternehmens darstellt. Für ausgewählte Mitarbeiter werden E-Mail-Adressen eingebunden, damit z.B. Kunden und Lieferanten direkten Kontakt aufnehmen können. Die Mitarbeiter der ABC GmbH, die über einen Internet-Zugang verfügen, nutzen ihrerseits das Internet, um vielfältige Informationen abzurufen wie z.B.:

- Informationen über andere Unternehmen,
- aktuelle Wirtschaftsdaten,
- Marktforschungsergebnisse und andere wissenschaftliche Erkenntnisse.

5.6.3 Intranet

Unternehmens-Netzwerke, die Internetprotokolle (TCP/IP) einsetzen, werden als Intranet bezeichnet. Intranets sind nicht zwingend mit dem Internet verbunden. Sie können sich auch ausschließlich auf die Nutzung der unternehmenseigenen Daten beziehen.

Welche Vorteile bietet der Einsatz von Internet-Technologien im Rahmen des Intranets für Unternehmen?

Beispiele sind: [vgl. 14, 196, S. 15]

- aktuelle und schnelle Informationsbereitstellung,
- herstellerneutrales System,
- einfache Schnittstellen,
- globale Verfügbarkeit,
- finanzielle Vorteile durch Einsatz effizienter Dienste (z.B. E-Mail).

Der Einsatz eines Intranets ermöglicht die Bereitstellung eines Informations- und Kommunikationssystems, das den immer komplexeren betrieblichen Aufgabenstellungen gerecht wird. Die Mitarbeiter erhalten durch das Intranet Zugang zu allen Informationen, die sie zur Erfüllung ihrer Aufgaben benötigen. Ziele der Nutzung des Intranets sind: [vgl. 14, S. 16]

- Beschleunigung und Vereinfachung der Kommunikation zwischen den Mitarbeitern,
- Erschließung von dezentralisierten Informationsquellen des Unternehmens,

- Aktivierung des fachlichen und organisatorischen Wissens der Mitarbeiter für die Unternehmenszwecke,
- Ermöglichung einer kooperativen Aufgabenerfüllung für örtlich weit entfernte Mitarbeiter,
- Förderung des Prozesses des organisatorischen Lernens.

Intranets können mit dem Internet verbunden werden. In diesem Falle ist es besonders wichtig, Schutzmechanismen für den unbefugten Zugriff auf Unternehmensdaten einzurichten. Dazu werden spezielle Rechnersysteme eingesetzt (Firewalls).

Innerhalb eines Intranets ist der Einsatz folgender Dienste sinnvoll:

- E-Mail,
- Newsgroups,
- WWW.

E-Mail

Innerhalb eines Unternehmens können die Mitarbeiter mittels E-Mail Informationen zeitnah austauschen.

Newsgroups

Über Newsgroups können offene Diskussionen über bestimmte Themen des Unternehmens geführt werden. Des weiteren können allgemeine und spezielle Problemlösungen zur Verfügung gestellt werden. Mitarbeiter können sich hier zunächst eigenständig informieren, bevor sie beispielsweise Supportdienste in Anspruch nehmen.

WWW

Das WWW kann im Intranet als unternehmensinterne Informationsquelle eingesetzt werden. Alle Daten, die für unterschiedliche Mitarbeiter und Abteilungen von Bedeutung sind, können mit Hilfe des WWW bereitgestellt werden. Das Nutzen (Abrufen) der Daten im Intranet ist damit genauso einfach geregelt, wie das „Surfen" im Internet. Folgende HTML-Dokumente können dabei zum Einsatz kommen: [vgl. 14, S. 16]

- Organigramme,
- Verzeichnisse der Mitarbeiter,
- Verfahrensanweisungen,
- Formulare,
- Statistiken,
- Interne Stellenausschreibungen,
- Projektinformationen,
- Geschäftsprozesse,
- Produktinformationen.

Ein weiterer wichtiger Aspekt des Einsatzes des WWW-Dienstes im Intranet ist die Erstellung hardwareunabhängiger Applikationen. HTML-Dokumente können von unterschiedlichen Rechnersystemen erzeugt und gelesen werden. Es ist damit möglich, unabhängig von den eingesetzten Betriebssystemen eine einheitliche Benutzeroberfläche für die Mitarbeiter zur Verfügung zu stellen.

ABC GmbH

Herr Kaufmann überlegt, ob die Informations- und Kommunikationsstruktur der ABC GmbH über ein Intranet verbessert werden kann. Positiv ist ihm insbesondere die einheitliche und einfache Bedienung der Benutzeroberfläche der Internet-Technologien aufgefallen. Er bespricht diese Thematik mit dem Software-Anbieter.

5.7 Fragen und Aufgaben

1. Was versteht man in der Datenübertragung unter Codierung?
2. Welche Aufgabe übernimmt ein Modem im Rahmen der Datenübertragung?
3. Unterscheiden Sie die Begriffe Simplex-, Halbduplex- und Duplexverbindung.
4. Nennen Sie fünf Übertragungsmedien.
5. Unterscheiden Sie die Begriffe Asynchron- und Synchronübertragung.
6. Warum ist die Paritätsprüfung kein sehr sicheres Verfahren zur Fehlerkontrolle?
7. Nennen Sie sieben Dienste beim digitalen Telefonieren im Rahmen des ISDN.
8. Welche Vorteile bietet die Vernetzung von Personal Computern?
9. Wie werden Netzwerke hinsichtlich ihrer räumlichen Ausprägung unterschieden?
10. Nennen und beschreiben Sie drei Netzwerk-Topologien.
11. Nennen Sie fünf Dienstangebote des Internets.
12. Was ist ein Intranet?

6 Datenschutz und Datensicherung

6.1 Einführendes Beispiel

ABC GmbH

Herr Kaufmann hat sich für die Ausstattung verschiedener Arbeitsplätze in seiner Firma mit aktuellen Informations- und Kommunikationstechniken entschieden. Die Vorteile sind ihm bei der Beschäftigung mit dem Thema sehr deutlich geworden.

Einige Mitarbeiter und auch einige Kunden seiner Firma stehen den Neuerungen jedoch kritisch gegenüber. Sie haben Angst vor dem Mißbrauch von Daten. So äußert z.B. ein Mitarbeiter die Befürchtung, daß seine Personaldaten eventuell von verschiedenen Arbeitsplätzen der Firma aus eingesehen werden können. Ein Kunde befürchtet, daß Konkurrenten mittels Internet seine Bestelldaten einsehen können.

Da viele sensible Daten erfaßt werden (z.B. in der Personalabteilung), kann Herr Kaufmann die Befürchtungen nachvollziehen. Auch ihm waren diese Gedanken schon gekommen, und er befaßt sich daraufhin mit der Thematik des Datenschutzes.

6.2 Rechtsgrundlagen

Es gibt unterschiedliche gesetzliche Regelungen zum Datenschutz [vgl. 2, S. 18]. Zu nennen ist hier insbesondere das Bundesdatenschutzgesetz (BDSG). Es stellt Grundregeln zum Datenschutz auf. Daneben gibt es datenschutzrechtliche Spezialregeln in anderen Gesetzen wie z.B.

- Landesdatenschutzgesetze,
- Sozialgesetzbuch,
- Straßenverkehrsgesetz,
- Bundeszentralregistergesetz,
- Melderechtsrahmengesetz,
- Bundesverfassungsschutzgesetz,
- Gesetz über den militärischen Abschirmdienst,
- Gesetz über den Bundesnachrichtendienst.

Die datenschutzrechtlichen Spezialregeln beziehen sich auf spezifische Bereiche und gehen in ihren Regelungen dem BDSG vor. Dabei beinhalten einige Regelungen eine Verschärfung des Datenschutzes, andere schränken ihn ein.

Weitere Bestimmungen zum Datenschutz beinhalten die Berufs- und besonderen Amtsgeheimnisse wie z.B.

- ärztliche Schweigepflicht,
- Post- und Fernmeldegeheimnis,
- Sozialgeheimnis,
- Steuergeheimnis,
- Adoptionsgeheimnis.

Europa

Im Rahmen des Europäischen Vereinigungsprozesses wurde eine Europäische Richtlinie zum Thema Datenschutz entwickelt. Inhalte dieser Richtlinie werden durch die einzelnen Länder in nationales Recht umgesetzt. [vgl. 3, S. 67ff.]

6.3 Betrieblicher Datenschutzbeauftragter

ABC GmbH

Herr Kaufmann entscheidet, einen Beauftragten für den Datenschutz für die ABC GmbH zu bestellen. Da er personenbezogene Daten zukünftig automatisiert verarbeiten möchte und damit mindestens fünf Arbeitnehmer ständig beschäftigt, ist er gemäß § 36 Absatz 1 BDSG zur Bestellung eines betrieblichen Datenschutzbeauftragten sogar verpflichtet.

Es stellt sich nun für Herrn Kaufmann die Frage, welcher Mitarbeiter sich für die Aufgabe eignet. Das BDSG nennt als Voraussetzungen den Besitz der zur Erfüllung der Aufgaben erforderlichen Fachkunde und Zuverlässigkeit (§ 36 Absatz 2 BDSG). Die Anforderungen sind im BDSG nicht weiter spezifiziert. In der Literatur zum Thema „Datenschutz" findet Herr Kaufmann weitere Angaben [vgl. 12, S. 34ff.].

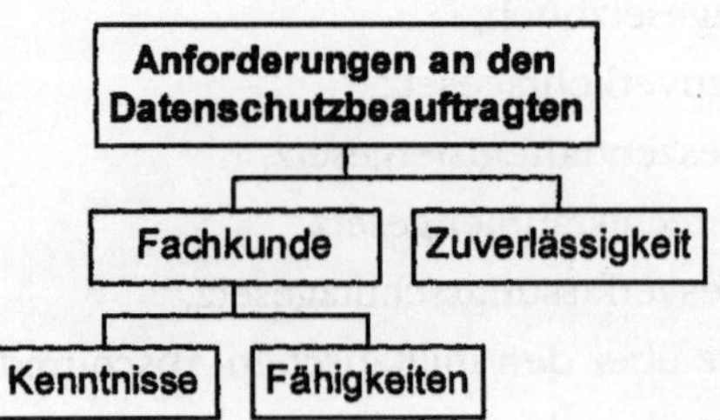

Bild 6.1: Anforderungen an den Datenschutzbeauftragten

Fachkunde

Die Fachkunde setzt sich aus Kenntnissen und Fähigkeiten zusammen.

Kenntnisse

Kenntnisse werden durch Aus- und Weiterbildung sowie durch Berufserfahrung erworben und setzen sich wie folgt zusammen:

- juristische Kenntnisse,
- Unternehmenskenntnisse,
- betriebswirtschaftliche Kenntnisse,
- Kenntnisse der Informationsverarbeitung.

Der betriebliche Datenschutzbeauftragte benötigt zum Beispiel Kenntnisse aus dem juristischen Bereich. So muß er die Inhalte des BDSG sowie datenschutzrelevante Spezialregeln weiterer Rechtsvorschriften kennen.

Wichtige Voraussetzung für die Erfüllung der Aufgaben des betrieblichen Datenschutzbeauftragten sind auch Kenntnisse über das Unternehmen. Nur wenn der Datenschutzbeauftragte die innerbetrieblichen Zusammenhänge genau kennt, kann er eine individuelle Anpassung der Datenschutzaufgaben an das ihn beschäftigende Unternehmen vornehmen.

Der betriebliche Datenschutzbeauftragte benötigt darüber hinaus betriebswirtschaftliche Grundkenntnisse, um auch im Rahmen betriebswirtschaftlicher Projekte beratend tätig sein zu können.

Schließlich sind grundlegende Kenntnisse der Informationsverarbeitung wichtig. Der betriebliche Datenschutzbeauftragte benötigt Kenntnisse über Hardware-Komponenten sowie Netzwerk-Kenntnisse. Zudem müssen ihm die eingesetzten Programme hinsichtlich des Programmablaufs bekannt sein. Darüber hinaus muß er die Programmsteuerung der eingesetzten Betriebssysteme kennen und wissen, ob und über welche Schutz-, Sicherheits- und Protokollfunktionen die Betriebssysteme verfügen.

Fähigkeiten

Neben den genannten Kenntnissen sind Fähigkeiten eine wesentliche Komponente der erforderlichen Fachkunde:

- logisches Denkvermögen,
- Lernfähigkeit,
- Lernwilligkeit,
- Konflikt- und Konsensfähigkeit,
- Durchsetzungsvermögen,
- Mut zur eigenen Meinung,
- Umsetzung von abstrakten Sachverhalten,

- pädagogische/didaktische Fähigkeiten,
- sorgfältiges und selbständiges Arbeiten,
- Beurteilungsfähigkeit für Risiken,
- Organisationsfähigkeiten,
- Fähigkeit zur Teamarbeit.

Fähigkeiten sind natürliche Begabungen und Fertigkeiten bzw. werden durch Anreize der Umwelt geprägt. Der betriebliche Datenschutzbeauftragte benötigt z.B. logisches Denkvermögen, Lernfähigkeit und -willigkeit, um den permanenten Weiterbildungsanforderungen gerecht zu werden. Konflikt- und Konsensfähigkeit, Durchsetzungsfähigkeit und Mut zur eigenen Meinung sind im Umgang mit den Mitarbeitern unerläßlich. Um sein Wissen an die Mitarbeiter im Unternehmen weiterzugeben, sind pädagogische/didaktische Fähigkeiten wichtig.

Zuverlässigkeit

Neben den Anforderungen der Fachkunde muß der betriebliche Datenschutzbeauftragte zuverlässig sein und verantwortungsbewußt handeln.

Ein Datenschutzbeauftragter muß in seiner Funktion unabhängig von anderen Funktions- und Aufgabenbereichen sein. So kann z.B. ein DV-Leiter nicht gleichzeitig Datenschutzbeauftragter sein, da er sich dann selbst kontrollieren müßte.

ABC GmbH

Herrn Kaufmann wird deutlich, daß keiner seiner Mitarbeiter derzeit alle Anforderungen erfüllt. Er entscheidet, die Funktion seinem Assistenten, Herrn Schneider, zuzuordnen. Dieser erfüllt die Anforderungen hinsichtlich der Zuverlässigkeit und der nötigen Fähigkeiten. Herr Schneider ist bereits seit fünf Jahren in der ABC-GmbH beschäftigt. Er hat aufgrund seiner Tätigkeiten viele Unternehmensbereiche kennengelernt. Betriebswirtschaftliche Kenntnisse hat er aufgrund seines Studiums. Über DV-Kenntnisse, die in Einzelbereichen noch erweitert werden müssen, verfügt er ebenfalls. Ihm fehlen daher insbesondere die datenschutzrechtlichen Spezialkenntnisse. Diese soll er sich durch den Besuch eines Seminars aneignen.

Nach Rückkehr von dem Seminar berichtet Herr Schneider Herrn Kaufmann über die im folgenden dargestellten wichtigen Themen zum Datenschutz. Sie überlegen, welche Konsequenzen daraus für die ABC GmbH erwachsen. Dabei konzentrieren sie sich zunächst auf die Bestimmungen des BDSG hinsichtlich der Adressaten und der Ziele und Zwecke des BDSG.

6.4 Adressaten und Zweck des BDSG

Adressaten

Die Anwendungsbereiche des BDSG erstrecken sich auf folgende Adressaten:

- öffentliche Stellen des Bundes,
- öffentliche Stellen der Länder,
- nicht-öffentliche Stellen (§ 1 Absatz 2 BDSG).

Das Unternehmen ABC GmbH fällt unter die dritte Gruppe. Damit hat das BDSG grundsätzlich Gültigkeit. Bei näherer Betrachtung des BDSG fällt auf, daß nur die folgenden Abschnitte für nicht-öffentliche Stellen relevant sind:

1. Abschnitt: Allgemeine Bestimmungen,
3. Abschnitt: Datenverarbeitung nicht-öffentlicher Stellen und öffentlich-rechtlicher Wettbewerbsstellen,
4. Abschnitt: Sondervorschriften,
5. Abschnitt: Schlußvorschriften.

Der zweite Abschnitt des BDSG ist ausschließlich für öffentliche Stellen relevant und soll hier nicht weiter erörtert werden.

Zweck

Der Zweck des BDSG ergibt sich aus § 1 Abs. 1 BDSG:

„Zweck dieses Gesetzes ist es, den einzelnen davor zu schützen, daß er durch den Umgang mit seinen personenbezogenen Daten in seinem Persönlichkeitsrecht beeinträchtigt wird."

Im Mittelpunkt steht somit nicht der Schutz von Daten, wie man aufgrund des Begriffs Bundes<u>daten</u>schutzgesetz vermuten könnte, sondern der Schutz der Persönlichkeitsrechte von Menschen. Den Persönlichkeitsrechten kommt in der deutschen Gesetzgebung eine große Bedeutung zu. So ist schon im Grundgesetz festgelegt:

„Die Würde des Menschen ist unantastbar. Sie zu achten und zu schützen ist die Verpflichtung aller staatlichen Gewalt". (Artikel 1 Absatz 1, Grundgesetz).

„Jeder hat das Recht auf freie Entfaltung seiner Persönlichkeit, soweit er nicht die Rechte anderer verletzt und nicht gegen die verfassungsmäßige Ordnung oder das Sittengesetz verstößt" (Artikel 2 Absatz 1, Grundgesetz).

personenbezogene Daten

Im BDSG geht es um den Schutz der Persönlichkeitsrechte im Zusammenhang mit dem Umgang mit personenbezogenen Daten. Doch was ist unter personenbezogenen Daten zu verstehen? Laut § 3 Absatz 1 BDSG handelt es sich um „... Einzelangaben über persönliche oder sachliche Verhältnisse einer bestimmten oder bestimmbaren natürlichen Person (Betroffener)". Bestimmt wird eine Person durch ihren Namen. Bestimmbar ist eine Person z.B. durch ihre Personalnummer. Einzelangaben bezogen auf einen Mitarbeiter sind z.B. Name, Vorname, Geburtsdatum, Familienstand, Anzahl der Kinder, Alter oder Anschrift.

Personenarten

Doch was ist im juristischen Sinne eine Person? Das Bürgerliche Gesetzbuch (BGB) unterscheidet juristische und natürliche Personen. Eine juristische Person ist eine Personenvereinigung oder ein Zweckvermögen mit vom Gesetz anerkannter rechtlicher Selbständigkeit. Es werden juristische Personen des Privatrechts (z.B. eingetragene Vereine, Aktiengesellschaften, Gesellschaften mit beschränkter Haftung) und juristische Personen des öffentlichen Rechts (z.B. Staat, Gemeinden) unterschieden. Natürliche Personen sind alle Menschen als Einzelpersonen. Die Bestimmungen des BDSG hinsichtlich des Schutzes personenbezogener Daten beziehen sich gemäß § 3 Absatz 1 BDSG auf natürliche Personen, also auf einzelne Menschen.

Geschützt werden durch das BDSG alle personenbezogenen Daten, die in einer Datei gespeichert sind. Dabei wird der Begriff Datei wie folgt definiert (§ 3 Absatz 2 BDSG):

Bild 6.2: Datei im Sinne des BDSG

Datei im Sinne des BDSG = Sammlung personenbezogener Daten	
automatisierte Datei	**nicht-automatisierte Datei**
Auswertung nach bestimmten Merkmalen durch Automatisierung möglich	gleichartig aufgebaute Datei, die ohne Automatisierung nach bestimmten Merkmalen geordnet, umgeordnet oder ausgewertet werden kann

ABC GmbH

Beispiele für automatisierte Dateien der ABC GmbH können Mitarbeiterdaten oder Kundendaten auf einer Festplatte sein. Eine nicht-automatisierte Datei wäre z.B. ein systematisch gegliedertes Karteikartensystem.

Eine automatisierte Datei kann in der Regel relativ einfach nach verschiedenen Kriterien ausgewertet werden. Eine automatisierte Kundendatei kann z.B. nach Umsatzzahlen strukturiert werden. Je nach Umsatz können bestimmte Kundengruppen gebildet werden, für die spezifische Marketingstrategien eingesetzt werden. Die Umsatzzahlen unterliegen im Zeitverlauf einer Veränderung. In automatisierten Auswertungen werden diese Änderungen ohne zusätzlichen Aufwand automatisch berücksichtigt. Bei nicht-automatisierten Dateien sind derartige Auswertungen nur mit hohem Personaleinsatz oder gar nicht möglich.

6.5 Personenbezogene Daten im betrieblichen Ablauf

Was geschieht eigentlich im betrieblichen Ablauf mit personenbezogenen Daten? Das BDSG bezieht sich auf die Erhebung, Verarbeitung und Nutzung personenbezogener Daten:

Bild 6.3: Personenbezogene Daten im betrieblichen Ablauf

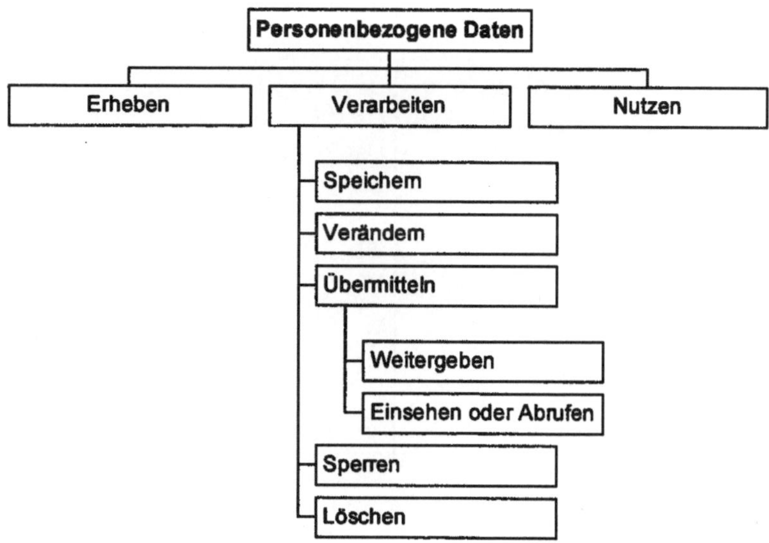

In der folgenden Tabelle werden die Begriffe definiert und mit Beispielen verdeutlicht.

Bild 6.4: Definitionen und Beispiele für personenbezogene Daten im betrieblichen Ablauf

Begriff	Definition nach § 3 BDSG	Beispiele
Erheben	Beschaffen von Daten über den Betroffenen	Aufnahme der Personaldaten
Verarbeiten	Speichern, Verändern, Übermitteln, Sperren und Löschen personenbezogener Daten	(siehe Beispiele zu den folgenden Einzelbegriffen)
Speichern	Erfassen, Aufnehmen oder Aufbewahren personenbezogener Daten auf einem Datenträger zum Zwecke ihrer weiteren Verarbeitung oder Nutzung	Aufbewahrung der Personaldaten auf einer Festplatte
Verändern	Inhaltliches Umgestalten gespeicherter personenbezogener Daten	Änderung der Anschrift einer gespeicherten Person
Übermitteln	Bekanntgeben gespeicherter oder durch Datenverarbeitung gewonnener personenbezogener Daten an einen Dritten (Empfänger)	Übertragen der Personaldaten an eine andere Abteilung oder Einrichtung
	Weitergeben: Die Daten werden durch die speichernde Stelle an den Empfänger weitergegeben	Weitergeben der Beschäftigungszeiten an die Rentenversicherung
	Einsehen oder Abrufen: Der Empfänger sieht von der speichernden Stelle zur Einsicht oder zum Abruf bereitgehaltene Daten ein oder ruft sie ab	Eine Abteilung ruft die zur Verfügung gestellten Personaldaten einer anderen Abteilung ab.

Begriff	**Definition nach § 3 BDSG**	**Beispiele**
Sperren	Kennzeichnen gespeicherter personenbezogener Daten, um ihre weitere Verarbeitung oder Nutzung einzuschränken	Ein Mitarbeiter scheidet aus dem Betrieb aus. Seine DV-Kennung wurde im Verlauf seiner Tätigkeit verschiedenen Vorgängen zugeordnet. Nach seinem Ausscheiden wird sein Kürzel nicht gelöscht, sondern gesperrt. Damit bleiben die Zuordnungen für den Zeitraum seiner Tätigkeit bestehen, neue Zuordnungen sind nicht mehr möglich.
Löschen	Unkenntlichmachen gespeicherter personenbezogener Daten	Entfernen von Personaldaten von der Festplatte. Hinweis: Hier ist die Unterscheidung des physikalischen Löschens (tatsächliches Überschreiben des Speicherplatzes) oder logischen Löschens (es wird nur der Inhaltsverweis gelöscht, die Daten sind noch vorhanden) zu bedenken!
Nutzen	Jede Verwendung personenbezogener Daten, soweit es sich nicht um Verarbeitung handelt	Gebrauch von Daten direkt aus einer Datei, auch unabhängig von betrieblichen Verarbeitungsvorgängen.

6.6 Regelungen zum Schutz der Persönlichkeitsrechte

Durch folgende Regelungen stellt das BDSG den Schutz der Persönlichkeitsrechte sicher:

- Datengeheimnis,
- technisch-organisatorische Maßnahmen,
- Zulässigkeitsregelungen,
- Rechte des Betroffenen,
- Kontrolle des Datenschutzes,
- Folgen bei Gesetzesverstößen.

Diese Punkte werden im folgenden näher erläutert.

6.6.1 Datengeheimnis

Mitarbeiter, die mit der Datenverarbeitung beschäftigt sind und Zugriff auf personenbezogene Daten haben, sind auf das Datengeheimnis zu verpflichten (§ 5 BDSG). Ihnen wird damit untersagt, personenbezogene Daten unbefugt zu verarbeiten oder zu nutzen. Auch wenn sie aus dem Unternehmen ausscheiden, besteht das Datengeheimnis fort.

ABC GmbH

Herr Schneider überlegt, welche Mitarbeiter des Unternehmens auf das Datengeheimnis verpflichtet werden müssen. Da sind zunächst die Mitarbeiter der Personalabteilung zu nennen, die mit vielen personenbezogenen Daten arbeiten. Weiterhin haben z.B. Mitarbeiter der Controllingabteilung und der Materialwirtschaft Zugriff auf personenbezogene Daten. Nicht zu vergessen sind die Mitarbeiter der DV-Abteilung.

Für das Vorgehen unterscheidet Herr Schneider zwei Mitarbeitergruppen:

Derzeitige Mitarbeiter

Herr Schneider will die betroffenen Mitarbeiter zunächst im Rahmen einer betriebsinternen Schulung über die Datenschutzbestimmungen und die erforderlichen Maßnahmen informieren. Anschließend wird jeder betroffene Mitarbeiter aufgefordert, die folgende Verpflichtungserklärung zu unterschreiben:

Bild 6.5: Verpflichtungserklärung

ABC GmbH, Ahornallee 24-26, 11111 Musterstadt

Verpflichtungserklärung gemäß § 5 BDSG

Mitarbeiter/in: ______________________
Vor- und Nachname

Geburtsdatum: ____________

Anschrift: ______________________
Straße, PLZ/Ort

Abteilung: ______________________

Tätigkeit: ______________________

Ich verpflichte mich,

1. keine personenbezogenen Daten unbefugt zu verarbeiten oder zu nutzen,
2. die Bestimmungen des Bundesdatenschutzgesetzes sowie die anderen für meine Tätigkeit geltenden Datenschutzregelungen einzuhalten und bestätige, daß mir die Texte dieser Vorschriften ausgehändigt worden sind,
3. das Datengeheimnis auch nach Ende meiner Tätigkeit in der ABC GmbH zu beachten.

Mir ist bekannt, daß Verstöße gegen diese Anordnung zivilrechtliche, strafrechtliche und arbeitsrechtliche Folgen haben können.

Mir ist bekannt, daß diese Verpflichtungserklärung Bestandteil meiner Personalakte wird.

____________	______________________
Datum	Ort
______________________	______________________
Unterschrift Mitarbeiter/in	Unterschrift Geschäftsführer

Zur Konkretisierung der gesetzlichen Datenschutzbestimmungen entwickelt Herr Schneider betriebsinterne Datenschutzregelungen für den Umgang mit den PC-Arbeitsplätzen, um sie den Mitarbeitern auszuhändigen. Mögliche Inhalte dieser Regelungen können sein:

Die Verpflichtung,

- nur mit den Programmen, Ordnern (Verzeichnissen) und Dateien zu arbeiten, die für den jeweiligen Mitarbeiter freigegeben worden sind,
- keine privaten Programme und Dateien auf die betrieblichen PC zu kopieren oder zu starten/öffnen,
- keine betrieblichen Programme oder Dateien zu kopieren und mitzunehmen,
- keine Handbücher und sonstigen Dokumente zu kopieren,
- die eigene Zugangsberechtigung geheim zu halten,
- keine Zugangsberechtigungen anderer Mitarbeiter zu nutzen; wenn das Kennwort eines anderen Mitarbeiters bekannt geworden ist, ist dieser zu informieren, damit er eine Änderung vornehmen kann,
- den PC abzumelden, wenn der Arbeitsplatz verlassen wird,
- keine PC zu öffnen.

Neue Mitarbeiter

Es ist traditionell in der ABC GmbH üblich, daß für neue Mitarbeiter am ersten Arbeitstag eine Einführungsveranstaltung organisiert wird. Im Rahmen dieser Veranstaltung werden sie über die Unternehmensphilosophie, die Unternehmensziele, die Unternehmensstrukturen etc. informiert. In Zukunft wird die Einführungsveranstaltung durch eine Einführung in die Datenschutzthematik durch Herrn Schneider ergänzt. Auch die neuen Mitarbeiter müssen anschließend die Verpflichtungserklärung unterzeichnen.

6.6.2 Technische und organisatorische Maßnahmen

Wenn personenbezogene Daten automatisiert verarbeitet werden, müssen Maßnahmen getroffen werden, die abhängig von der Art der zu schützenden Daten geeignet sind, die Vorschriften und Anforderungen des BDSG zu gewährleisten.

Bild 6.6:
Technische und organisatorische Datenschutzmaßnahmen [vgl. 9, S. 18ff.]

Erläuterung	Mögliche Maßnahmen
Anforderung: Zugangskontrolle	
Verwehrung des Zugangs für Unbefugte zu Datenverarbeitungsanlagen, mit denen personenbezogene Daten verarbeitet werden	• Schaffung von Sicherheitsbereichen • Berechtigungsausweise, Schlüsselregelung, Codekarten, Besucherausweise • Anwesenheitsaufzeichnungen • Closed-Shop-Betrieb (abgeschlossener Raum als Rechenzentrum; nur autorisierte Personen haben einen Zugang)
Anforderung: Datenträgerkontrolle	
Verhinderung, daß Datenträger unbefugt gelesen, kopiert, verändert oder entfernt werden können	• Festlegung befugter Personen • Absicherung der Aufbewahrungsbereiche für Datenträger • Kennzeichnung der Datenträger • Bestandskontrollen • kontrollierte Vernichtung von Datenträgern mit Protokollierung • Regelung der Anfertigung von Kopien • Einsatz von Rechnern ohne Diskettenlaufwerke • Sperrung bestimmter Betriebssystembefehle (z.B. Kopierbefehle) • physikalisches Löschen (der Speicherbereich, in dem die Daten stehen, wird physikalisch überschrieben)

Erläuterung	Mögliche Maßnahmen
Anforderung: Speicherkontrolle	
Verhinderung der unbefugten Eingabe in den Speicher, sowie der unbefugten Kenntnisnahme, Veränderung oder Löschung gespeicherter personenbezogener Daten	• Kennwortschutz und Regelung ihrer Vergabe, Verwendung und Veränderung • Einsatz von Verschlüsselungsroutinen • Regeln zur Dateiorganisation • Protokollierung der Dateibenutzung • automatisches Abschalten (Log-Off) nach längerer Zeit der Nichtbenutzung • Schutzsoftware für PC
Anforderung: Benutzerkontrolle	
Verhinderung, daß Datenverarbeitungssysteme mit Hilfe von Einrichtungen zur Datenübertragung von Unbefugten genutzt werden können	• Abschließbarkeit von dezentralen Datenverarbeitungssystemen • Identifizierung des Terminals/Nutzers gegenüber dem DV-System • automatisches Abschalten der Datenstation bei fehlerhafter Paßworteingabe • Auswertung von Protokollen
Anforderung: Zugriffskontrolle	
Gewährleistung, daß die zur Benutzung eines Datenverarbeitungssystems Berechtigten ausschließlich auf die ihrer Zugriffsberechtigung unterliegenden Daten zugreifen können	• Anlage von revisionsfähigen Benutzerprofilen • Zugriffsberechtigungen • funktionelle und zeitliche Beschränkung der Nutzung von Terminals • Auswertung von Protokollen • Sperren der Betriebssystemebene

Erläuterung	Mögliche Maßnahmen
Anforderung: Übermittlungskontrolle	
Gewährleistung, daß überprüft und festgestellt werden kann, an welche Stellen personenbezogene Daten durch Einrichtungen zur Datenübertragung übermittelt werden können	• Dokumentation / Protokollierung der Übermittlungsprogramme mit Auswertungsmöglichkeiten • Festlegung der Übermittlungswege und Datenempfänger
Anforderung: Eingabekontrolle	
Gewährleistung, daß nachträglich überprüft und festgestellt werden kann, welche personenbezogenen Daten zu welcher Zeit von wem in die Datenverarbeitungssysteme eingegeben worden sind	• Datenerfassungsanweisungen • Plausibilitätskontrollen • Protokollierung der Eingaben
Anforderung: Auftragskontrolle	
Gewährleistung, daß personenbezogene Daten, die im Auftrag verarbeitet werden, nur den Weisungen des Auftraggebers entsprechend verarbeitet werden können	• sorgfältige Auswahl der Auftragnehmer • Abgrenzung der Kompetenzen und Pflichten zwischen Auftragnehmer und Auftraggeber
Anforderung: Transportkontrolle	
Verhinderung, daß bei der Übertragung personenbezogener Daten sowie beim Transport von Datenträgern die Daten unbefugt gelesen, kopiert, verändert oder gelöscht werden können	• Verpackungs- und Versandvorschriften • Verschlüsselung
Anforderung: Organisationskontrolle	
Gestaltung der innerbehördlichen oder innerbetrieblichen Organisation, so daß sie den besonderen Anforderungen des Datenschutzes gerecht wird	• Bestellung eines betrieblichen Datenschutzbeauftragten • Verfahrensbeschreibungen • Regelung zur System- und Programmprüfung • Datensicherungskonzept • Katastrophenplanung

Der Aufwand, der durch die Maßnahmen verursacht wird, muß in einem angemessenen Verhältnis zu dem angestrebten Schutzzweck stehen (§ 9 Satz 2 BDSG).

6.6.3 Zulässigkeitsregelungen

Es ist wichtig zu wissen, in welchen Fällen die Verarbeitung personenbezogener Daten überhaupt zulässig ist. Das BDSG nennt drei alternative Erlaubnistatbestände (§ 4 Absatz 1 BDSG):

- Erlaubnis oder Anordnung durch das BDSG (§§ 28 ff.), z.B.
  - im Rahmen der Zweckbestimmung eines Vertragsverhältnisses (z.B. zwischen Arbeitgeber und Arbeitnehmer, Arzt und Patient, Bank und Bankkunde, Versicherung und Versichertem, Vermieter und Mieter),
  - wenn die Daten aus allgemein zugänglichen Quellen entnommen werden können (z.B. Zeitungen, Handelsregister, Telefonbücher, Adreßbücher),
- Erlaubnis oder Anordnung durch eine andere Rechtsvorschrift (z.B. Tarifvertrag, Betriebsvereinbarung),
- Einwilligung des Betroffenen.

Wenn der Umgang mit personenbezogenen Daten per Gesetz ausdrücklich erlaubt ist oder sogar angeordnet wird, ist eine Einwilligung des Betroffenen nicht erforderlich.

Einwilligung des Betroffenen

Im Zusammenhang mit der Einwilligung des Betroffenen ist zu beachten, daß diese grundsätzlich schriftlich erfolgen muß. Das bedeutet, daß der Betroffene eigenhändig unterschreiben muß. Zudem ist der Betroffene auf den Zweck der Speicherung und einer vorgesehenen Übermittlung hinzuweisen. Auf Verlangen ist der Betroffene auch auf die Folgen bei Verweigerung hinzuweisen (§ 4 Absatz 2 BDSG). Mögliche Folgen könnten Geldbußen oder Verlust von Ansprüchen sein.

In § 28 BDSG sind spezielle Zulässigkeitsregelungen für nichtöffentliche Stellen festgelegt. Voraussetzung ist zunächst, daß die personenbezogenen Daten als Mittel für die Erfüllung eigener Geschäftszwecke verwendet werden. Dies ist bei den Daten eines Unternehmens über Mitarbeiter, Kunden und Lieferanten der Fall. Bei diesen Daten erlaubt das BDSG die Speicherung, Veränderung oder Übermittlung unter festgelegten Voraussetzungen.

6.6.4 Rechte des Betroffenen

Für die Betroffenen (bestimmte oder bestimmbare natürliche Personen) sind im BDSG umfangreiche Rechte festgelegt. Für nicht-öffentliche Stellen stellen sie sich wie folgt dar:

Bild 6.7: Rechte des Betroffenen

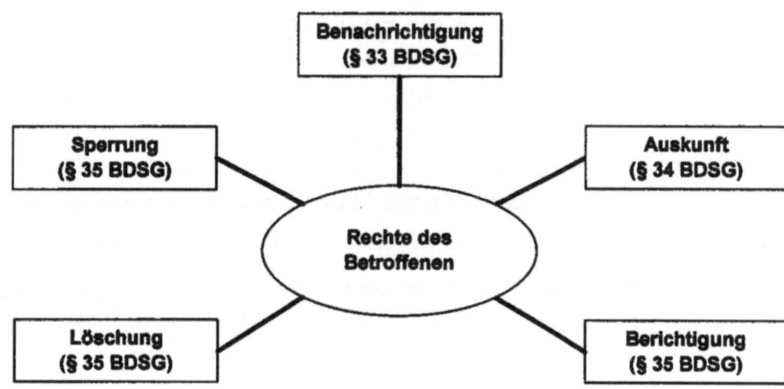

Benachrichtung [vgl. 2, S. 38]

Durch das Mittel der Benachrichtigung wird sichergestellt, daß Betroffene wissen (können), welche Daten durch wen über sie verarbeitet wurden. Alle Betroffenen sind individuell zu benachrichtigen, wenn Daten ohne Kenntnis des Betroffenen verarbeitet wurden. Es gibt Ausnahmen von diesen Benachrichtigungsbestimmungen. In § 33 Absatz 2 BDSG sind Fälle festgelegt, in denen keine Benachrichtigung erfolgt, weil z.B. eine überwiegende Geheimhaltungspflicht besteht oder weil die Datenverarbeitung für den Betroffenen weniger gravierend ist.

Auskunft

Der Betroffene kann Auskunft verlangen über:

1. die zu seiner Person gespeicherten Daten, auch soweit sie sich auf Herkunft und Empfänger beziehen,
2. den Zweck der Speicherung,
3. Personen und Stellen, an die seine Daten regelmäßig übermittelt werden, wenn seine Daten automatisiert verarbeitet werden.

Die Auskunft wird grundsätzlich schriftlich erteilt.

Berichtigung

Wenn festgestellt wird, daß gespeicherte personenbezogene Daten nicht richtig sind, muß eine Berichtigung erfolgen.

Löschung

Personenbezogene Daten müssen gelöscht werden, wenn

1. ihre Speicherung unzulässig ist,
2. es sich um Daten über gesundheitliche Verhältnisse, strafbare Handlungen, Ordnungswidrigkeiten sowie religiöse oder politische Anschauungen handelt und ihre Richtigkeit von der speichernden Stelle nicht bewiesen werden kann,
3. sie für eigene Zwecke verarbeitet werden, sobald ihre Kenntnis für die Erfüllung des Zweckes der Speicherung nicht mehr erforderlich ist,
4. sie geschäftsmäßig zum Zwecke der Übermittlung verarbeitet werden und eine Prüfung am Ende des fünften Kalenderjahres nach ihrer erstmaligen Speicherung ergibt, daß eine längerwährende Speicherung nicht erforderlich ist.

Sperrung

An die Stelle einer Löschung von Daten tritt eine Sperrung, wenn

- die Richtigkeit der Daten vom Betroffenen bestritten wird und sich weder die Richtigkeit noch die Unrichtigkeit feststellen läßt,
- einer Löschung gesetzliche, vertragliche oder satzungsmäßige Aufbewahrungsfristen entgegenstehen,
- durch eine Löschung schutzwürdige Interessen des Betroffenen beeinträchtigt werden,
- eine Löschung nicht oder nur unter verhältnismäßig hohem Aufwand möglich ist.

6.6.5 Kontrolle des Datenschutzes

Die Wahrnehmung der geschilderten Rechte des Betroffenen übt schon eine gewisse Kontrollfunktion aus. Zur Sicherheit wurden aber weitere Kontrollfunktionen eingerichtet, die dafür Sorge tragen sollen, daß der Datenschutz in der Praxis wirkungsvoll umgesetzt wird. Für nicht-öffentliche Stellen sind dies

- der Beauftragte für Datenschutz (§§ 36, 37 BDSG),
- die Aufsichtsbehörde (§ 38 BDSG).

Beauftragter für Datenschutz

Alle nicht-öffentlichen Stellen, die personenbezogene Daten automatisiert verarbeiten und mit dieser Verarbeitung in der Regel mindestens fünf Arbeitnehmer ständig beschäftigen, haben einen

Beauftragten für Datenschutz zu bestellen. Die Bestellung muß schriftlich erfolgen. Der Datenschutzbeauftragte muß die zur Erfüllung seiner Aufgaben erforderliche Fachkunde und Zuverlässigkeit besitzen (vgl. Kapitel 6.3).

Im Rahmen seiner Tätigkeit als Datenschutzbeauftragter ist der Mitarbeiter der Leitung des Unternehmens (z.B. Geschäftsführung) unmittelbar zu unterstellen.

Die Aufgaben des Datenschutzbeauftragten beziehen sich insbesondere auf die Sicherstellung der Ausführung des BDSG und anderer Vorschriften über den Datenschutz. Seine Aufgaben sind insbesondere (§ 37 BDSG):

- Überwachung der ordnungsgemäßen Anwendung der Software, die für die Verarbeitung personenbezogener Daten eingesetzt wird,
- Unterweisung der Mitarbeiter bezüglich der Bestimmungen des Datenschutzes,
- beratende Mitwirkung bei der Auswahl der in der Datenverarbeitung tätigen Mitarbeiter.

Dem Datenschutzbeauftragten muß eine Übersicht zur Verfügung gestellt werden über

- die eingesetzten Datenverarbeitungsanlagen,
- die Bezeichnung und die Art der Dateien,
- die Art der gespeicherten Dateien,
- die Geschäftszwecke, zu deren Erfüllung die Kenntnis dieser Daten erforderlich ist,
- regelmäßige Empfänger,
- zugriffsberechtigte Personen oder Personengruppen, die allein zugriffsberechtigt sind.

ABC GmbH

Herr Kaufmann und Herr Schneider überlegen gemeinsam, welche Vorschriften und Maßnahmen des Datenschutzes für die ABC GmbH relevant sind. Ein Vorgehen für die Verpflichtung der Mitarbeiter auf das Datengeheimnis sowie Verhaltensmaßnahmen im Umgang mit PC-Arbeitsplätzen hat Herr Schneider bereits erarbeitet (vgl. Kapitel 6.6.1). Diese Vorgehensweise halten sie für sehr wichtig, um die Mitarbeiter für die Thematik des Datenschutzes zu sensibilisieren. Zur Realisierung der weiteren erforderlichen Maßnahmen (z.B. Closed-Shop-Betrieb, Bestandskontrolle, Erstellung und Auswertung von Protokollen) entwikkeln sie einen Stufenplan mit festgelegten Umsetzungszeiträumen. Im Rahmen des Ausbaus der Informations- und Kommunikationsstruktur der ABC GmbH wird Herr Schneider fortlaufend einbezogen, um die Berücksichtigung von Datenschutzgesichtspunkten sicherzustellen. Sie einigen sich darauf, daß Herr Schneider einmal im Jahr einen Bericht über den Stand der Umsetzung und der Einhaltung der Datenschutzregelungen erstellt und mit Herrn Kaufmann bespricht.

Aufsichtsbehörde [vgl. 2, S. 54f.]

Im nicht-öffentlichen Bereich sind die Aufsichtsbehörden der Länder für die Kontrolle des Datenschutzes zuständig. Sie sind von den Landesregierungen zu bestimmen. Die Aufsichtsbehörden überprüfen die Einhaltung der Bestimmungen des BDSG und anderer Vorschriften über den Datenschutz in der Regel nur,

- soweit es um die Verarbeitung, Erhebung oder Nutzung personenbezogener Daten in oder aus Dateien geht und
- wenn Anhaltspunkte für einen Datenschutzverstoß vorliegen, etwa wenn ein Betroffener dies begründet darlegt.

Ohne besonderen Anlaß wird die Aufsichtsbehörde nur tätig, wenn es sich um die geschäftsmäßige Speicherung zum Zweck der Übermittlung handelt oder wenn Daten im Auftrag durch Datenverarbeitungsunternehmen verarbeitet werden. Dieser Bereich ist auch dem Dateienregister der Aufsichtsbehörde zu melden.

Rechte der Aufsichtsbehörde

Die Rechte der Aufsichtsbehörde umfassen:

- Betreten von Grundstücken und Geschäftsräumen der zu prüfenden Stellen,
- Vornahme von Prüfungen und Besichtigungen,
- Einsicht in geschäftliche Unterlagen,
- Einholung von Auskünften bei den prüfenden Stellen und deren Leitungspersonal.

Wenn die Aufsichtsbehörde Mängel in technischer oder organisatorischer Hinsicht feststellt, kann sie Maßnahmen zur Abhilfe anordnen. Bei Aufdeckung schwerwiegender Mängel verbunden mit besonderer Gefährdung des Persönlichkeitsrechts kann die Aufsichtsbehörde den Einsatz einzelner Verfahren verbieten. Sie kann auch verlangen, daß ein Datenschutzbeauftragter abberufen wird, wenn ihm Fachkunde und Zuverlässigkeit fehlen.

6.6.6 Folgen bei Gesetzesverstößen

Bei Verstößen gegen die Vorschriften des BDSG werden Straftaten, Ordnungswidrigkeiten und Schadensersatzpflichten unterschieden.

Straftaten

Straftaten werden nur auf Antrag verfolgt. Beispiele für Straftaten sind die Speicherung, Veränderung oder Übermittlung geschützter personenbezogener Daten (§ 43 BDSG). Die Bestrafung erfolgt, abhängig von der Schwere der Tat, als Freiheitsstrafe bis zu zwei Jahren oder Geldstrafe.

Ordnungswidrigkeiten

Ordnungswidrigkeiten sind z.B. (§ 44 BDSG):

- keine, eine falsche oder unvollständige Benachrichtigung des Betroffenen,
- keine, eine falsche oder unvollständige Auskunft an den Betroffenen,
- keine oder eine nicht rechtzeitige Bestellung eines Beauftragten für den Datenschutz.

Die Ahndung für Ordnungswidrigkeiten kann mit einer Geldstrafe bis 50.000 DM erfolgen.

Schadensersatz

Ein Betroffener kann gegenüber einem Unternehmen einen Anspruch auf Schadensersatz geltend machen, wenn er einen nachweisbaren Schaden aufgrund unzulässiger oder unrichtiger automatisierter Datenverarbeitung erleidet.

Wenn Uneinigkeit besteht, ob das Verschulden bei der speichernden Stelle liegt, so trifft die Beweispflicht die speichernde Stelle (§ 8 BDSG).

6.7 Abgrenzung Datenschutz und Datensicherung

Die in den letzten Kapiteln behandelten Inhalte beziehen sich auf den Datenschutz. Zielsetzung des gesetzlichen Datenschutzes ist der Schutz der Rechte von Personen vor Verletzung der Vertraulichkeit und der Sicherheit ihrer personenbezogenen Daten.

Viele der dargestellten Maßnahmen zur Gewährleistung des Datenschutzes dienen gleichzeitig der Datensicherung (z.B. Datensicherungskonzept im Bereich der Organisationskontrolle).

Bei der Datensicherung steht die Sicherheit der Daten im Vordergrund, d.h. es muß sichergestellt werden, daß keine für den betrieblichen Ablauf wesentlichen Daten verloren gehen (z.B.

durch Stromausfall, Blitzschlag, Bedienungsfehler, Computerviren). Dazu dienen in erster Linie Maßnahmen, wie das regelmäßige Erstellen von Sicherheitskopien des Datenbestandes.

ABC GmbH

Der DV-Leiter der ABC GmbH hat in Abstimmung mit dem Datenschutzbeauftragten ein Konzept zur Datensicherung erarbeitet. Im folgenden werden wesentliche Bestandteile des Konzepts dargestellt.

USV

Der Server wird an eine unterbrechungsfreie Stromversorgung (USV, Notstromaggregat) mit Überspannungsschutz angeschlossen. Dadurch ist der Rechnerbetrieb auch bei Stromausfall (z.B. durch Blitzschlag oder andere technischer Defekte) gewährleistet.

Zentrale Datensicherung

Die DV-Abteilung führt täglich eine zentrale Datensicherung durch. Im Rahmen der Tagessicherung werden nur die jeweils im Laufe des Tages geänderten Daten gesichert. Die Datensicherung wird nach dem „Großvater-Vater-Sohn-Prinzip" durchgeführt, d.h. es werden unterschiedliche Magnetbänder für die jeweiligen Tagessicherungen benutzt. Durch diese Maßnahme ist bei einer eventuell aufgetretenen Beschädigung eines Datenträgers die Vortagessicherung noch verfügbar.

Am Ende der Woche wird eine Komplettsicherung erstellt, d.h. es wird der komplette Datenbestand gesichert. Auch diese Sicherungen erfolgen nach dem „Großvater-Vater-Sohn-Prinzip". Die Wochensicherungen werden außerhalb des Betriebs gelagert.

6.8 Risiken und Maßnahmen im Netzwerk

Ein hohes Sicherheitsbedürfnis besteht für vernetzte Computersysteme. Daraus ergeben sich besondere Vorschriften und Maßnahmen [vgl. zu den folgenden Ausführungen 6]. Hier teilen sich eine große Anzahl von Benutzern ein Gesamtsystem, in dem sich – je nach Anwendungsbereich – unterschiedlich viele sensible und zu schützende Daten befinden. Nicht jeder Benutzer darf dabei Zugriff auf alle Daten haben. Dies gilt insbesondere für externe Benutzer, die über eine Schnittstelle Zugriff auf das Unternehmensnetzwerk haben.

Es lassen sich auf der allgemeinen Ebene vor allem drei Risikobereiche unterscheiden:

Bild 6.8: Allgemeine Risikobereiche im Netzbetrieb

Vertraulichkeit

Die Sicherstellung der Vertraulichkeit ist in einem Netzbetrieb sehr wichtig. Ein Risiko besteht hier darin, daß Unberechtigte Zugriff auf personenbezogene Daten nehmen können.

Verfälschung

Die Verfälschung personenbezogener Daten wirkt sich negativ auf die Integrität der Daten aus. Dadurch können im weiteren Verlauf z.B. auf verarbeitender Ebene falsche Schlüsse gezogen werden, die wiederum Rechte der Betroffenen berühren.

Authentizität

In einem Rechnernetz kommunizieren verschiedene Anwender miteinander und tauschen dabei auch mehr oder weniger regelmäßig vertrauliche Daten aus. Es muß dabei sichergestellt sein, daß ein Empfänger sich auf die jeweilige Quelle verlassen kann. Stammen die Daten jedoch nicht vom erwarteten Absender, weil sich statt dessen ein Unberechtigter in die Kommunikation eingeschaltet hat, ist die Authentizität der empfangenen Daten nicht gegeben. Der Empfänger bearbeitet in diesem Fall Daten von einem anderen Absender als erwartet, ohne daß ihm dieses bewußt ist.

Neben diesen allgemeinen Risiken besteht ein Bündel von technischen Risiken, die im lokalen Netzbetrieb (LAN) und darüber hinaus bei vernetzten Systemen, welche Gebäude miteinander verbinden oder überregional organisiert sind, zu berücksichtigen sind. Aus diesen Risiken leiten sich Sicherheitsmaßnahmen ab.

Im folgenden werden Risiken und Maßnahmen zunächst im lokalen Netzbetrieb und anschließend im über das lokale Netz hinausgehenden Netzbetrieb dargestellt.

6.8.1 Lokaler Netzbetrieb (LAN)

Bild 6.9:
Risiken und Maßnahmen im LAN

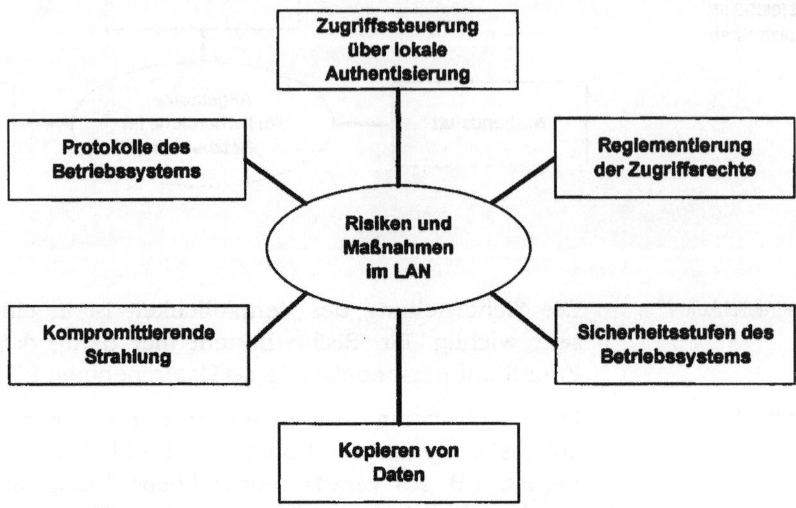

Zugriffssteuerung über lokale Authentisierung

Ein unberechtigter Zugriff auf personenbezogene Daten kann erfolgen, wenn eine Person in ein unzureichend geschütztes System eindringen kann. Um diese Zugriffe zu vermeiden, muß das System durch das Verfahren einer lokalen Authentisierung geschützt werden. Dies kann z.B. über Paßwörter oder Chipkarten realisiert werden. Nur wer sich mittels eines Paßwortes oder einer Chipkarte authentisieren kann, darf auf die Daten zugreifen.

Paßwort

Zur Wahrung der Sicherheit muß gewährleistet sein, daß kein Unberechtigter in den Besitz eines Paßwortes oder einer Chipkarte gelangen kann. Ein Paßwort darf nicht in schriftlicher Form im Bereich der Arbeitsplätze vorliegen. Außerdem muß es so gewählt sein, daß ein Außenstehender das Paßwort nicht durch Ausprobieren erraten kann (z.B. wäre das Systempaßwort „BND" beim Bundesnachrichtendienst alles andere als sinnvoll!). Darüber hinaus muß das Paßwort vom Benutzer regelmäßig geändert werden. Die Häufigkeit des Änderungsintervalls liegt im Ermessen des Betriebs und ist von der Sicherheitsstufe abhängig.

ABC GmbH

Herr Schneider informiert die Mitarbeiter über die Regeln der Bildung von Paßwörtern. Das eingesetzte Betriebssystem unterstützt bereits wichtige Anforderungen an eine Paßwortvergabe:

Es verlangt eine Mindestlänge und die Verwendung von mindestens einem Sonderzeichen (z.B. Bindestrich, Semikolon). Er weist sie insbesondere darauf hin, daß die Paßwörter nicht zu einfach zu erraten sein dürfen, so ist z.B. der Name eines Angehörigen kein sinnvolles Paßwort. Herr Schneider erläutert den Mitarbeitern, daß das Betriebssystem nach einem festgelegten Zeitraum zur Vergabe eines neuen Paßwortes auffordert.

Reglementierung der Zugriffsrechte

Im Rahmen der Zugriffskontrolle (Anlage § 9 BDSG Satz 1) muß gewährleistet sein, daß die zur Benutzung eines Datenverarbeitungssystems Berechtigten ausschließlich auf die ihrer Zugriffsberechtigung unterliegenden Daten zugreifen können.

Die DV-Abteilung richtet für jeden Benutzer sogenannte Zugriffsrechte ein. Über diese Rechte wird reglementiert, auf welche Verzeichnisse (Ordner) – und damit auf welche Programme und Dateien – der Benutzer Zugriff hat. Darüber hinaus läßt sich auch ein zeitlicher Rahmen der Nutzung einrichten. Bei der ABC GmbH kann z.B. geregelt werden, daß auf das Lohn- und Gehaltsprogramm nur bestimmte Personen zwischen 8 Uhr und 17 Uhr Zugriff haben. Außerhalb der Geschäftszeiten können also selbst diese Mitarbeiter nicht mehr auf die Daten zugreifen.

Eine Lücke im System – systembedingt oder durch Nachlässigkeit der DV-Abteilung – kann z.B. dazu ausgenutzt werden, daß ein Benutzer seine eigenen Rechte erweitert, um dann unberechtigte Zugriffe zu tätigen. Dieses muß unbedingt vermieden werden.

Sicherheitsstufen des Betriebssystems

Ein Betriebssystem kann in Verbindung mit einem Sicherheitssystem eine relativ hohe Sicherheit bieten. Wenn dieses System jedoch durch bestimmte Mechanismen umgangen werden kann, liegen die Daten in einem mehr oder weniger ungeschützten Zustand vor. Dies ist z.B. dann der Fall, wenn das System durch eine Systemstartdiskette gestartet werden kann. Dadurch können gegebenenfalls Schutzmechanismen, die beim ordnungsgemäßen Start ohne Diskette automatisch aktiviert werden, umgangen werden. Es wird somit eine ungeschützte Systemumgebung gestartet, die dem Benutzer gegebenenfalls einen unberechtigten Zugriff auf Daten ermöglicht.

Verhindert werden kann dies u.a. durch folgende Maßnahmen:

- Sperren des Diskettenlaufwerks durch ein spezielles Schloß,
- Ausbau des Diskettenlaufwerks,
- Einstellung des PC, die verhindert, daß vom Diskettenlaufwerk gestartet werden kann.

Kopieren von Daten

Personenbezogene Daten können gegebenenfalls über transportable Datenträger wie Disketten, Magnetbänder oder CD-Writer aus dem Rechnernetz kopiert werden. Eine weitere Möglichkeit des Datentransfers besteht in der Datenausgabe über die Schnittstellen eines PC (z.B. serielle oder parallele Schnittstelle).

Folgende Maßnahmen können zur Verhinderung der unberechtigten Entnahme von Daten u.a. verwendet werden:

- Sperren des Diskettenlaufwerks durch ein spezielles Schloß,
- Ausbau des Diskettenlaufwerks,
- Sperren von Schnittstellen des PC,
- Verschlüsselung der Daten, so daß sie nur über geschützte Anwenderprogramme gelesen werden können und eine Kopie somit unbrauchbar ist.

Der Schutz der Daten muß sich auch auf sogenannte Temporärdateien beziehen, die während der Laufzeit der Programme vom Anwendungsprogramm ausgelagert werden. Sie entstehen, wenn Anwendungsprogramme im Verarbeitungsprozeß Daten kurzfristig zwischenspeichern. Ergebnis dieser Zwischenspeicherung ist eine Temporärdatei, die zu schützende Daten enthalten kann.

ABC GmbH

Herr Kaufmann, Herr Schneider und die DV-Abteilung haben beschlossen, daß die neuen Mitarbeiter-PC ohne Diskettenlaufwerke ausgestattet werden. Die DV-Abteilung hat die Möglichkeit, lokale Installationen auf die PC über das Netzwerk oder über ein transportables Diskettenlaufwerk vorzunehmen.

Kompromittierende Strahlung

Elektrische Geräte wie z.B. Bildschirme, Tastaturen und Drucker erzeugen im Betrieb eine Strahlung, die durch entsprechende Empfänger aufgenommen werden kann. Spezielle Abschirmungen der Geräte oder Räume bzw. der Einsatz von Störsendern können als Gegenmaßnahmen getroffen werden.

Protokolle des Betriebssystems

Viele Betriebssysteme ermöglichen das Erstellen von Protokollen, so daß bestimmte Vorgänge im System dokumentiert werden. Über diese Protokolle kann z.B. festgestellt werden, ob ein Benutzer unberechtigte Zugriffe durchgeführt hat.

Zu beachten ist, daß kein unberechtigter Benutzer Zugriff auf die Protokolldateien bekommen kann, damit er keine Änderung oder Löschung der Einträge vornehmen kann.

6.8.2 LAN-übergreifender Netzbetrieb

Im Netzbetrieb, der über lokale Netze hinausgeht (regional, überregional: MAN, WAN, GAN) gibt es zusätzliche Risiken und Maßnahmen.

Bild 6.10: Risiken bei LAN-übergreifendem Netz

Abhören von Übertragungsmedien

Die Übertragungsmedien (Kabel, Funk) können gegebenenfalls über spezielle Empfänger abgehorcht werden. Aus diesem Grund müssen die verwendeten Kabel so verlegt werden, daß Unberechtigte nicht oder nur unter erschwerten Bedingungen Zugang haben. Dies gilt sowohl innerhalb als auch außerhalb der Gebäude.

Veränderungen von Netzadressen

Eine raffinierte Methode, um unberechtigt an Daten zu kommen, besteht darin, die Netzadresse einer Datenstation anzunehmen. Der Sender verschickt die Daten an die betreffende Netzadresse in dem Glauben, daß er seinen Kommunikationspartner erreicht. Er erreicht jedoch denjenigen, der die Netzadresse angenommen hat. Die eingesetzten Netzwerkprotokolle müssen nach Möglichkeit hohe Schutzmechanismen einsetzen, um die Veränderung von Netzadressen zu verhindern.

Veränderungen und Manipulationen im Netzverkehr

In vielen Netzen bestehen keine Direktverbindungen zwischen den Kommunikationspartnern (sogenannte Punkt-zu-Punkt-Verbindungen). Die Datenpakete werden über Vermittlungsstationen transportiert, so daß sie - je nach freien Netzverbindungen – immer wieder andere Wege einschlagen. Diese Technik ermöglicht eine flexible, unbegrenzt ausbaufähige Netzstruktur (Beispiel: Internet). Sie birgt jedoch auch Risiken. Netzteilnehmer haben gegebenenfalls die Möglichkeit, sich in diesen Kommunikationsfluß einzublenden, Datenpakete zu lesen und in Netze von Behörden oder Firmen zu gelangen.

Eine Möglichkeit des „Einbruchs" in ein Rechnernetz besteht in dem Einsatz sogenannter „Trojanischer Pferde". Ein eingeschleustes „Hacker-Programm" schaltet sich zwischen Benutzer und Firmennetz und fordert die Eingabe des Paßwortes. Der Benutzer gibt sein Paßwort in dem Glauben ein, daß er sich in sein Firmennetz einwählt. Das „Hacker-Programm" nimmt das Paßwort entgegen und sendet es an den Hacker. Dann endet das Programm mit einer Fehlermeldung (z.B. „Falsches Paßwort") und erzeugt beim Benutzer den Eindruck, er habe sich bei der Eingabe des Paßwortes vertippt. Anschließend erscheint die echte Paßwortabfrage des Firmennetzes, und der Benutzer gibt sein Paßwort ein weiteres Mal ein. Der Hacker ist dadurch im Besitz des Paßwortes und kann nun unberechtigt mit diesem Paßwort in das Firmennetz einbrechen.

Ein hohe Sicherheitsstufe bieten hier nur die Punkt-zu-Punkt-Verbindungen.

Kopieren von Daten

Auch in einem erweiterten Netzbetrieb muß bei Bedarf verhindert werden können, daß Daten unberechtigt kopiert werden. Möglich sind derartige Kopiervorgänge, wenn ein unberechtigter Anwender in ein System eingedrungen ist. Wenn sich dieser Berechtigungen zur Ausführung von Systembefehlen verschafft hat, kann er Dateien aus dem Firmennetz kopieren.

Weitere Möglichkeiten des Kopierens von Daten bestehen darin, Bildschirmausgaben in einen Zwischenspeicher zu übertragen und lokal abzuspeichern.

ABC GmbH

Ein Mitarbeiter hat das Recht, personenbezogene Daten einzusehen. Er hat also nur eine „lesende" Zugriffsberechtigung auf die Daten. Angenommen, er läßt sich bestimmte personenbezogene Daten auf seinem Bildschirm anzeigen. Bis zu dieser Stelle handelt er noch im Rahmen seiner Berechtigung. Es ist ihm aber nicht erlaubt, diese Daten zu kopieren. Bei einigen Systemen besteht jedoch die Möglichkeit, Bildschirmausgaben in den Zwischenspeicher des Computers zu kopieren und dadurch in andere Programme zu übernehmen. Dies käme einer Erweiterung seiner Zugriffsrechte „durch die Hintertür" gleich. Dies kann z.B. verhindert werden, indem lokale Befehle und Anwendungen (z.B. das Kopieren eines Bildschirminhaltes in den Zwischenspeicher) während eines Netzzugriffes nicht ausgeführt werden können.

6.8.3 Verschlüsselung und Firewall

Über die genannten Maßnahmen hinaus gibt es weitere allgemeine Verfahren, um den Schutz und die Sicherheit von Daten im Netzbetrieb zu erhöhen.

Bild 6.11: Weitere Verfahren zur Erhöhung des Datenschutzes

Verschlüsselungsverfahren

Verschlüsselungsverfahren (kryptografische Verfahren) werden eingesetzt, um zu verhindern, daß sich Unberechtigte Kenntnis von Dateiinhalten verschaffen können. Die Dateiinhalte werden für die Übertragung so verschlüsselt, daß sie nicht mehr im Klartext vorliegen. Zur Verschlüsselung werden mathematische Methoden eingesetzt, die die Daten unter Verwendung eines Schlüssel verfremden. Der Schlüssel besitzt eine bestimmte Länge (Anzahl der Bits). Je länger der Schlüssel ist, um so schwieriger ist die Entschlüsselung durch Unberechtigte. Das häufig eingesetzte Verfahren DES (Data Encryption Standard) setzt Schlüssel mit einer Länge von 56 Bits ein.

Unberechtigte versuchen die Schlüssel durch den sogenannten Brute-Force-Angriff zu „knacken“: Es handelt sich hierbei um Computerprogramme, die alle möglichen Kombinationen ausprobieren, um den richtigen Schlüssel herauszufinden. Durch die immer leistungsfähigeren Computer kann dieser Angriff immer schneller durchgeführt werden. Deshalb werden in sensiblen Bereichen Verfahren mit Schlüssellängen über 100 Bits eingesetzt.

Firewall

Die zunehmende Vernetzung von Rechnerssystemen untereinander macht besondere Schutzmechanismen an den Schnittstellen der Netze erforderlich. Dabei handelt es sich vor allem um folgende Schnittstellen:

- Übergangsstellen zwischen Abteilungsnetzen (LAN) innerhalb eines Unternehmens,
- Übergangsstellen zwischen einem lokalen Netz (LAN) zu einem externen Netz (vor allem Internet).

Eine Firewall hat die Aufgabe, Zugriffe eines externen Netzes (z.B. Internet) zu überwachen, illegale Zugriffe zu erkennen und zu unterbinden. Ziel ist die größtmögliche Sicherheit des so geschützten Netzes.

Das Grundmodell einer Datenverarbeitungseinrichtung stellt sich durch die Integration von Datenschutz- und Datensicherungsaspekten wie folgt dar:

Bild 6.12:
Grundmodell einer DV-Einrichtung Stufe 6

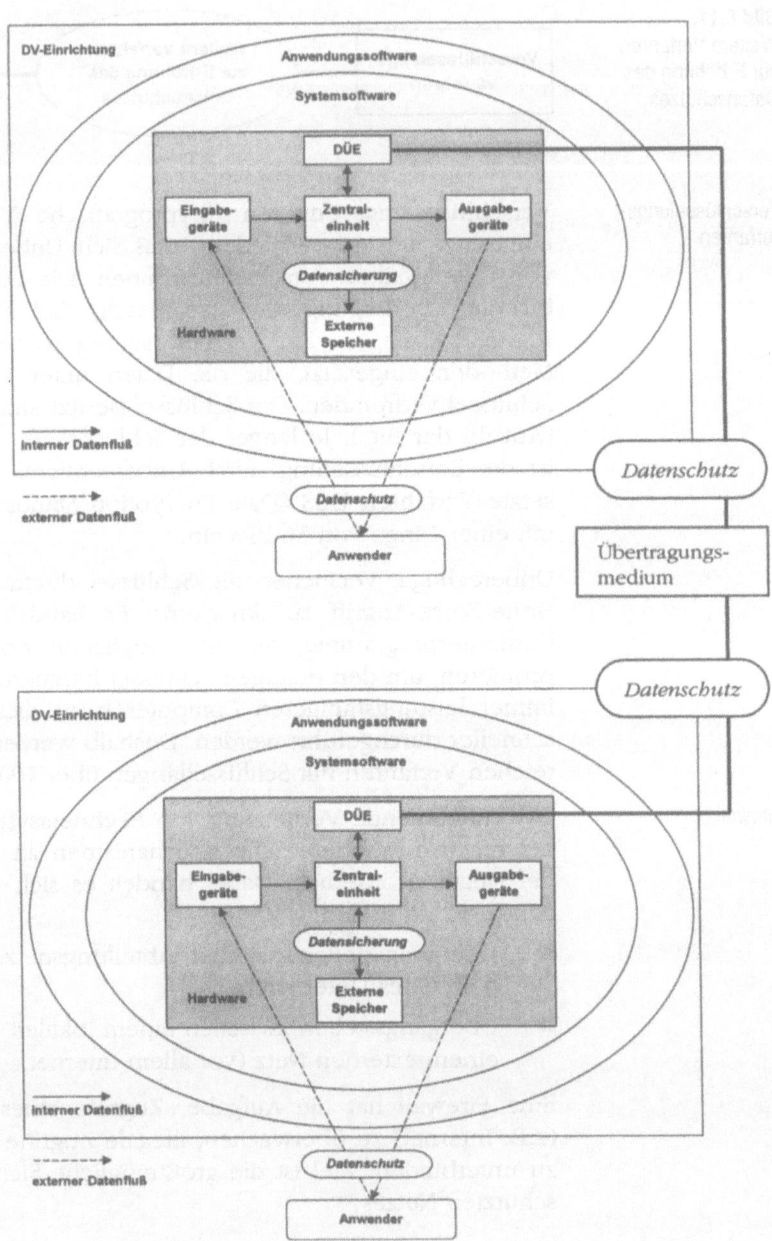

6.9 Fragen und Aufgaben

1. Welche Kenntnisse benötigt ein Beauftragter für Datenschutz (vier Bereiche)?
2. Nennen Sie sieben Fähigkeiten, über die ein Beauftragter für Datenschutz verfügen sollte.
3. Was ist unter personenbezogenen Daten zu verstehen?
4. Unterscheiden Sie automatisierte und nicht-automatisierte Dateien.
5. Nennen Sie die fünf Vorgänge, die im Verarbeitungsprozeß personenbezogener Daten auftreten können.
6. Wann liegt im betrieblichen Ablauf z.B. eine Veränderung von personenbezogenen Daten vor? Nennen Sie zwei Beispiele.
7. Was versteht man unter Zugangskontrolle zu DV-Anlagen? Welche Maßnahmen eignen sich zur Sicherstellung einer Zugangskontrolle?
8. In welchen Fällen ist die Verarbeitung personenbezogener Daten gemäß BDSG zulässig?
9. Welche Rechte hat ein Betroffener im Zusammenhang mit der Verarbeitung seiner personenbezogenen Daten?
10. Nennen Sie drei Möglichkeiten, um einem unberechtigten Systemstart mittels einer Diskette vorzubeugen.
11. Welche Aufgaben übernimmt eine Firewall?

7 Bürokommunikationssysteme

7.1 Einführendes Beispiel

ABC GmbH

Nachdem Herr Kaufmann sich einen Überblick über Hardware, Software, Datenübertragung und Datenschutz verschafft hat, beginnt er mit der Einführung eines neuen Informations- und Kommunikationssystems. Er denkt darüber nach, inwieweit die Umstrukturierung auch zu Verbesserungen der Bürokommunikation führen kann. Dazu überlegt er zunächst, welche Arten von Bürotätigkeiten es gibt und welche Werkzeuge (Software) zur Erleichterung und Verbesserung der Bürokommunikation unternehmensintern und auch nach außen beitragen können.

Ihn interessiert in diesem Zusammenhang auch insbesondere, welche neuen Organisationsformen der Arbeit aufgrund der neuen Informations- und Kommunikationstechniken möglich werden. Er denkt dabei z.B. an die Einrichtung von Telearbeitsplätzen.

7.2 Begriffsbestimmungen

Bürokommunikationssysteme dienen dazu, die typischen Bürotätigkeiten zu unterstützen. Doch was sind eigentlich typische Bürotätigkeiten? Sie lassen sich in vier Kategorien einteilen [vgl. 11, S. 441 ff., 4, S. 97]:

Bild 7.1: Bürotätigkeiten

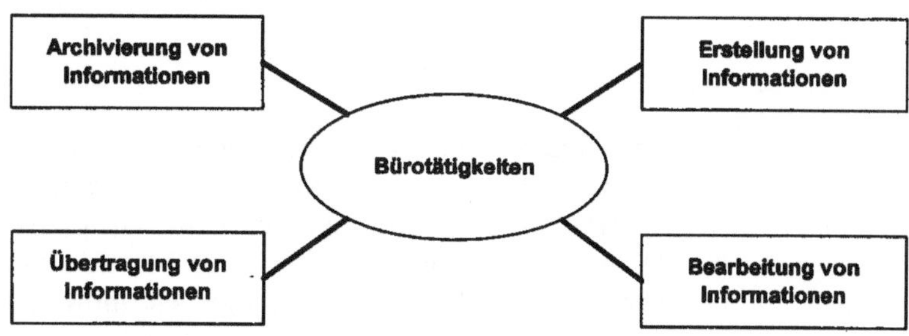

Erstellung von Informationen

In der Praxis werden viele Informationen erstellt. Im Sekretariat werden z.B. Geschäftsbriefe und Protokolle verfaßt, Adressen erfaßt und verwaltet sowie Aktenvermerke geschrieben. Die Personalabteilung erstellt z.B. Gehaltsabrechnungen und Arbeitszeugnisse. In der Materialwirtschaft werden z.B. Informationen in Form von Angeboten, Lieferscheinen oder Rechnungen erstellt.

Bearbeitung von Informationen

Die Bearbeitung von Informationen ist vorgangsbezogen zu betrachten. Typische Bearbeitungstätigkeiten sind z.B.

- Auftragsbearbeitung,
- Bearbeiten von Kreditanträgen,
- Ausstellung eines Personalausweises,
- Bearbeiten eines Schadensfalles (Versicherung),
- Bearbeiten einer Berechnung für ein Projekt.

Die Tätigkeiten sind unterschiedlich komplex. Es bestehen Arbeitsanweisungen, um die korrekte Durchführung der Tätigkeiten sicherzustellen. Die Arbeitsanweisungen können in mündlicher Form vermittelt sein, als schriftliche Anweisungen vorliegen oder als Bestandteil der eingesetzten Software realisiert sein.

Übertragung von Informationen

Im Rahmen der modernen Bürokommunikation nimmt die Informationsübertragung einen immer wichtigeren Stellenwert ein.

Bild 7.2: Übertragung von Informationen im Rahmen der Bürokommunikation

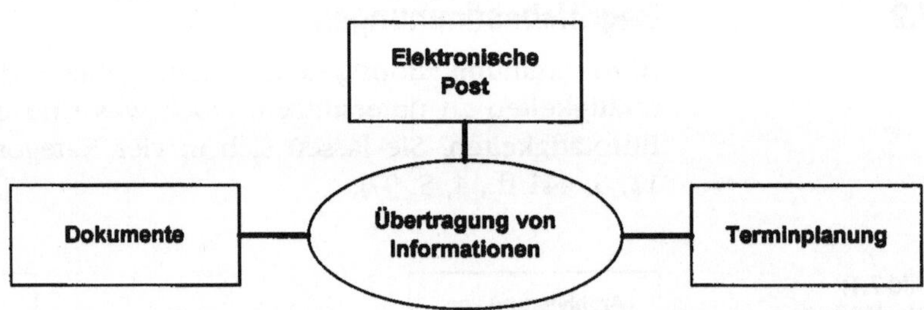

Die elektronische Post ermöglicht den Austausch von Informationen zwischen Arbeitsplätzen. Dabei kann die Post an einzelne Mitarbeiter oder auch an definierte Gruppen geschickt werden. Dadurch wird sichergestellt, daß bei den Mitarbeitern ein gleicher Informationsstand vorliegt. Es muß kein Bote eingesetzt werden. Die Information liegt unmittelbar nach dem Verschicken bei dem Empfänger vor, wobei die Distanz keine Rolle spielt: Es kann sich um das Firmengebäude handeln oder um Filialen in anderen Städten oder Ländern.

Die Terminplanung über neue Technologien erleichtert die Vereinbarung neuer Termine bzw. gibt Auskunft, ob und wann ein Mitarbeiter Termine hat und nicht zur Verfügung steht.

Im Rahmen von Projektarbeiten können Dokumente gemeinsam von den Mitgliedern einer Projektgruppe bearbeitet werden. Die einzelnen Mitarbeiter können ihre Anteile zur Verfügung stellen, ohne räumlich anwesend sein zu müssen oder auf Post- oder Botendienste zurückgreifen zu müssen.

Archivierung von Informationen

Der Archivierung wird eine immer größere Bedeutung beigemessen. Durch die fortschreitende Umstellung auf die „papierlose" Bürokommunikation liegen immer mehr Informationen in digitaler Form vor. Des weiteren nimmt die Informationsvielfalt und Informationsmenge in großem Maße zu. Das Archivieren und Wiederfinden muß diesen Entwicklungen Rechnung tragen.

Die Vorteile einer digitalen Archivierung liegen auf der Hand. So können z.B. digitale Akten von vielen Mitarbeitern gleichzeitig eingesehen und/oder bearbeitet werden und die Bearbeitungsvorgänge auf diese Weise wesentlich beschleunigt werden. Bei der nicht-digitalen Archivierung muß der jeweilige Mitarbeiter die entsprechenden Akten anfordern und kann die Bearbeitung erst fortsetzen, wenn sich diese auf seinem Schreibtisch befinden.

Der Aufwand der Bürotätigkeiten ist vom jeweiligen Aufgabentyp abhängig:

Bild 7.3: Aufgabentypen nach Aufwand

Aufgabentyp	Einzelfall-aufgaben	Regel-aufgaben	Routine-aufgaben
Komplexität	+ + +	+ +	+
Informationsbedarf	+ + +	+ +	+
Informations-verarbeitung	+ + +	+ +	+
Kommunikations-bedarf	+ + +	+ +	+

Einzelfallaufgaben

Einzelfallaufgaben verursachen im Regelfall einen hohen Aufwand. Es handelt sich häufig um sehr komplexe Aufgaben, zu deren Erledigung viele Informationen erforderlich sind. Die benötigten Informationen liegen vielfach nur sehr unstrukturiert vor. Der Lösungsweg ist zunächst unbekannt und muß vom Mitarbeiter in einem kreativen Prozeß erarbeitet werden. Es sind zur Bewältigung der Aufgabe unterschiedliche Kommunikationskanäle zu nutzen.

Regelaufgaben

Die Regelaufgaben weisen mittlere Komplexität auf. Die benötigten Informationen liegen teilweise in strukturierter Form vor. Der Lösungsweg ist im wesentlichen bekannt. Es können jedoch im Bearbeitungsprozeß vereinzelte Entscheidungen erforderlich werden.

Routineaufgaben

Routineaufgaben hingegen weisen in der Regel eine niedrige Komplexität auf. Die benötigten Informationen liegen in strukturierter Form vor. Der Lösungsweg ist von vornherein festgelegt. Dadurch wiederholen sich die Tätigkeiten fortlaufend. Die Kommunikationskanäle stehen fest.

ABC GmbH

Herrn Kaufmann ist aufgefallen, daß in der ABC GmbH an vielen Stellen Formulare unterschiedlichster Ausgestaltung und Qualität zum Einsatz kommen. Er beauftragt einen Mitarbeiter mit der Überarbeitung des Formularwesens. Dabei sollen vor allem die Möglichkeiten der neuen Informations- und Kommunikationstechniken genutzt werden. Es handelt sich um eine sehr komplexe Aufgabe, zu deren Lösung der Mitarbeiter zunächst viele Informationen aus den verschiedenen Abteilungen zusammentragen muß. Erst wenn er einen Überblick über das derzeitige Formularwesen besitzt und sich über die Thematik insgesamt und die technischen Möglichkeiten informiert hat, kann er die Neugestaltung beginnen. Er benötigt für seine Aufgabe interne Informationen und auch Anregungen aus externen Informationsquellen. Es handelt sich um eine Einzelfallaufgabe.

Eine Regelaufgabe ist in der ABC GmbH z.B. die monatliche Erstellung von Controllingberichten. Hierzu ist es im wesentlichen erforderlich, die Zahlen zusammenzutragen. Das Grundgerüst besteht bereits.

Eine typische Routineaufgabe besteht in der Buchungserfassung im Bereich Finanzbuchhaltung.

7.3 Werkzeuge

In der modernen Bürokommunikation werden DV-gestützte Werkzeuge eingesetzt, um die Informationen adäquat zu erstellen, zu bearbeiten, zu übertragen und zu archivieren. Im folgenden werden typische Werkzeuge vorgestellt.

7.3.1 Textverarbeitung

Die Textverarbeitung wird unter vielen Gesichtspunkten eingesetzt. Sie dient z.B. der Erstellung von Geschäftsbriefen, Protokollen, Vermerken, Berichten, und Beurteilungen. Durch vorgefertigte Dokumente (Vorlagen) können auch Formulare bearbeitet werden, die sonst mit der Schreibmaschine ausgefüllt wurden.

Moderne Textverarbeitungsprogramme bieten umfangreiche Formatierungsmöglichkeiten (Zeichen-, Absatz-, Seiten- und Abschnittsformatierung). Zur Formatierung von Zeichen stehen umfangreiche Schriftarten zur Verfügung, die in unterschiedlichen Größen und Farben genutzt werden können. Im Rahmen der Absatzformatierung kann z.B. zwischen linksbündiger, rechtsbündiger, zentrierter oder Blocksatzausrichtung gewählt werden. Des weiteren können die Zeilenabstände festgelegt und die Absätze mit Numerierungen oder Aufzählungszeichen versehen werden.

Die Funktionen der Seitenformatierung ermöglichen z.B. die Einstellung von Seitenrändern sowie die Einrichtung von Kopf- und Fußzeilen. Dadurch kann das automatische Einfügen von Kapitelüberschriften oder fortlaufenden Seitenzahlen erreicht werden. Weiterhin ist die Einstellung des Papierformats (Hoch- oder Querformat, Papiergröße) im Rahmen der Seitenformatierung möglich. Durch den Einsatz der Abschnittsformatierung können in einem Dokument verschiedene Satzformen (z.B. Wechsel zwischen einspaltigem und zweispaltigem Text) erreicht werden.

Textverarbeitungsprogramme ermöglichen das Einbinden von Grafiken und die Erstellung tabellarischer Übersichten. Eine weitere Domäne der Textverarbeitung, die Erstellung von Serienbriefen, wird durch die zusätzliche Möglichkeit, auf Fremddaten (z.B. Datenbanktabellen) zurückzugreifen, erweitert.

Darüber hinaus bieten die Textverarbeitungsprogramme Funktionen zur automatischen Überprüfung der Rechtschreibung, zur Durchführung von Silbentrennungen sowie zum Vorschlagen von Synonymen (Thesaurus). Eine wesentliche Erleichterung bei der Erfassung von sich häufig wiederholenden Textbestandteilen wird durch die Nutzung von Textbausteinen erreicht.

In der Vergangenheit wurde Textverarbeitung häufig an isolierten, d.h. nicht vernetzten, Arbeitsplätzen betrieben (Insellösungen). Heutzutage spielt auch die Textverarbeitung im Rahmen vernetzter Systeme eine immer größere Rolle. Beispiele hierfür sind die Dokumentenbearbeitung im Team oder der Zugriff auf zentrale Adressen für die Erstellung von Serienbriefen.

ABC GmbH

Herr Kaufmann möchte für seine Firmenpost ein einheitliches Erscheinungsbild. Der DV-Leiter hat die Aufgabe, eine Standardisierung umzusetzen. Er nutzt dabei die Möglichkeit, sogenannte Dokumentvorlagen zu erstellen, die festgelegte Formatierungen und Textbausteine für die tägliche Büropraxis enthalten. So ist in den Dokumenten z.B. das Firmenlogo automatisch eingebunden. Der Briefkopf sieht einheitlich aus. Die Textbausteine enthalten standardisierte Formulierungen, die mit Hilfe eines Auswahlfensters in das zu erstellende Dokument eingefügt werden können.

Neben Vorlagen für Geschäftsbriefe werden auch Vorlagen für das elektronische Faxen über den PC erstellt, in denen die benötigten Angaben (z.B. Zweck, Ansprechpartner) in vorgefertigte Felder eingetragen werden können.

Die Dokument- und Faxvorlagen liegen auf dem zentralen Server, so daß alle Mitarbeiter Zugriff auf diese Dateien haben. Ein weiterer Vorteil der zentralen Speicherung ist die vereinfachte Pflege der Vorlagen. Der DV-Leiter muß die Dateien nur an zentraler Stelle verändern, sie stehen danach allen Mitarbeitern zur Verfügung.

7.3.2 Tabellenkalkulation

Die Tabellenkalkulationsprogramme unterstützen die Erstellung umfangreicher Rechentabellen. Statt mühsamer Berechnung mit Stift, Papier und Taschenrechner werden in der modernen Bürokommunikation Tabellenkalkulationsprogramme eingesetzt.

Die Basis aller Eingaben und Berechnungen bildet eine Tabellenstruktur. Die Spalten werden häufig mit Buchstaben benannt, die Zeilen werden durchnumeriert. Dadurch ist es möglich, jeder

Eingabe einen eindeutigen Bezug zuzuordnen. In der folgenden Tabelle ist z.B. der Zelle B2 (Spalte B, Zeile 2) der Wert 400 zugewiesen, er bezeichnet die in Filiale 1 im Januar verkauften Stückzahlen.

Bild 7.4: Berechnungsbeispiel Tabellenkalkulation

	A	B	C	D	E
1		**Filiale 1**	**Filiale 2**	**Filiale 3**	**Gesamt**
2	**Januar**	400	500	488	**1.388**
3	**Februar**	200	450	610	**1.260**
4	**März**	320	410	500	**1.230**
5	**Quartal 1**	**920**	**1.360**	**1.598**	**3.878**
6	**April**	400	380	550	**1.330**
7	**Mai**	600	420	490	**1.510**
8	**Juni**	500	360	510	**1.370**
9	**Quartal 2**	**1.500**	**1.160**	**1.550**	**4.210**
10	**Gesamt**	**2.420**	**2.520**	**3.148**	**8.088**

Bei den Eingaben kann es sich um Texte, Zahlen oder Formeln handeln. Die dem Beispiel zugrundeliegenden Formeln werden in der folgenden Abbildung verdeutlicht:

Bild 7.5: Berechnungsbeispiel Tabellenkalkulation (Formeldarstellung)

	A	B	C	D	E
1		**Filiale 1**	**Filiale 2**	**Filiale 3**	**Gesamt**
2	**Januar**	400	500	488	**=SUMME(B2:D2)**
3	**Februar**	200	450	610	**=SUMME(B3:D3)**
4	**März**	320	410	500	**=SUMME(B4:D4)**
5	**Quartal 1**	**=SUMME(B2:B4)**	**=SUMME(C2:C4)**	**=SUMME(D2:D4)**	**=SUMME(B5:D5)**
6	**April**	400	380	550	**=SUMME(B6:D6)**
7	**Mai**	600	420	490	**=SUMME(B7:D7)**
8	**Juni**	500	360	510	**=SUMME(B8:D8)**
9	**Quartal 2**	**=SUMME(B6:B8)**	**=SUMME(C6:C8)**	**=SUMME(D6:D8)**	**=SUMME(B9:D9)**
10	**Gesamt**	**=B5+B9**	**=C5+C9**	**=D5+D9**	**=E5+E9**

Die Quartalssummen und die Monatssummen werden jeweils durch die Funktion „Summe“ ermittelt. In der Klammer wird durch Angabe der Koordinaten angegeben, welche Zahlen addiert werden sollen. Der Doppelpunkt gibt an, daß es sich um einen Bereich (z.B. B2:D2) handelt. So bedeutet die Funktion =SUMME(B2:D2), daß alle Zahlen im Zellbereich von B2 bis D2 addiert werden sollen.

Ein wesentliches Element der Formeln ist die Einbeziehung der Koordinaten. Dadurch werden die Formeln allgemeingültig. Bei Änderung der eingegebenen Zahlen erfolgt automatisch eine neue Berechnung.

Neben den Grundrechenarten (Addition, Subtraktion, Multiplikation, Division) bieten moderne Tabellenkalkulationsprogramme vielfältige Funktionen an:

- mathematische Funktionen (z.B. Runden, Absolutwert, Quadratwurzel, Summe),
- trigonometrische Funktionen (z.B. Sinus, Cosinus),
- Datums- und Zeitfunktionen (z.B. Umwandlung in Stunden oder Minuten, Ermittlung des aktuellen Datums),
- finanzmathematische Funktionen (z.B. Abschreibung, Zinswert),
- logische Funktionen (z.B. Wenn-Abfragen, Und/Oder-Verknüpfungen),
- statistische Funktionen (z.B. Mittelwert, Maximalwert, Minimalwert, Standardabweichung).

Wie Textverarbeitungsprogramme bieten auch Tabellenkalkulationsprogramme umfangreiche Formatierungsmöglichkeiten. Neben der Zeichenformatierung sind hier vor allem Zahlenformatierungen (Tausendertrennung, Währungssymbol, Anzahl Dezimalstellen etc.) von Bedeutung.

Einige Programme bieten auch die Möglichkeit bedingter Formatierungen: Abhängig von der Erfüllung bestimmter Bedingungen werden Zahlen in einer gewählten Formatierung dargestellt. So ist es z.B. möglich, negative Zahlen immer rot darzustellen oder Umsatzzahlen, die bestimmte Kriterien erfüllen, mit einem farbigen Muster zu hinterlegen.

Durch die in die Tabellenkalkulationsprogramme integrierte Präsentationsgrafik ist die Darstellung von Zahlen als Diagramm möglich. Zwischen den Diagrammen und den Zahlen der Tabelle besteht eine Wechselbeziehung, d.h. eine Wertänderung in der Tabelle führt gleichzeitig zu einer Änderung des Diagramms und umgekehrt. Das folgende Bild stellt ein Beispiel für ein dreidimensionales Säulendiagramm dar.

Bild 7.6:
Diagramm (3D-Säulendiagramm)

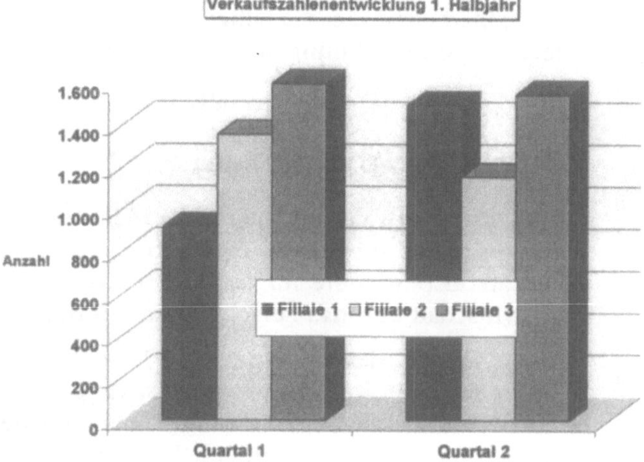

Neben Säulendiagrammen bieten Tabellenkalkulationsprogramme weitere Diagrammformen an wie z.B.:

- Kreisdiagramme,
- Balkendiagramme,
- Punkt XY-Diagramme,
- Liniendiagramme,
- Punktdiagramme,
- Netzdiagramme,
- Verbunddiagramme.

ABC GmbH

Herr Kaufmann läßt Kalkulationsblätter für die Bereiche Controlling und Kostenrechnung mit Hilfe eines Tabellenkalkulationsprogrammes erstellen. Die notwendigen Grunddaten können aus dem Materialwirtschaftsprogramm importiert werden. So besteht die Möglichkeit, daß über die Auswertungen des Materialwirtschaftsprogramms hinaus eigene, individuelle Auswertungen erstellt werden können. Bei der Software-Auswahl war diese Funktionalität ein wichtiges Entscheidungskriterium.

Die Mitarbeiter der kaufmännischen Abteilung nutzen das Tabellenkalkulationsprogramm für Berechnungen innerbetrieblicher Belange (z.B. Einsatzplanung von Außendienstmitarbeitern, Wirtschaftlichkeitsrechnungen). In der technischen Abteilung nutzen die Mitarbeiter die vielfältigen Berechnungsmöglichkeiten, um technische Berechnungen zu automatisieren.

7.3.3 Datenbankverwaltungssysteme

Datenbankverwaltungssysteme werden zur Verwaltung umfangreicher Daten eingesetzt. In der betrieblichen Praxis kommt ihr Einsatz insbesondere für die Kundendatenverwaltung, die Materialwirtschaft und das Personalwesen in Betracht.

Unter Einsatz der in Kapitel 4.5 beschriebenen Techniken der Datenmodellierung und –normalisierung werden die erforderlichen Datenbanktabellen erstellt. Umfangreiche Maskengeneratoren ermöglichen das Erstellen komfortabler Ein- und Ausgabeformulare.

Über frei definierbare Listen können die Daten für den Ausdruck aufbereitet werden. So ist es z.B. möglich, Daten zu Gruppen zusammenzufassen und gruppenspezifisch auszuwerten. Das Ergebnis einer solchen Gruppenerstellung verdeutlicht die folgende Abbildung:

Bild 7.7: Gruppenerstellung von Auftragsdaten, Gruppierung nach Kunde

Kunde	Anzahl Aufträge	Auftragssumme
Baumann OHG	25	67.540,33 DM
Möller GmbH	8	38.430,45 DM
Schneider KG	11	51.650,44 DM
Schulze AG	6	25.433,66 DM

Die Selektion von Daten und die Verknüpfung von Datenbanktabellen erfolgt in modernen Datenbankverwaltungssystemen in der Regel unter Zuhilfenahme grafikorientierter Werkzeuge. So ist es z.B. möglich, die Beziehungen zwischen Tabellen dadurch zu realisieren, daß die entsprechenden Schlüsselfelder durch Ziehen der Maus miteinander verbunden werden. Die häufig zugrundegelegte Datenabfragesprache SQL wird dabei automatisch erzeugt.

ABC GmbH

Herr Kaufmann plant den Einsatz eines Datenbankverwaltungssystems, das dem Datenbankverwaltungssystem des Materialwirtschaftsprogramms entspricht. Dadurch ist Herr Kaufmann in der Lage, Daten aus dem Materialwirtschaftsprogramm abzufragen. Er gewinnt so ein Höchstmaß an Flexibilität, da er über die im Materialwirtschaftsprogramm eingebauten Abfragen hinaus beliebig viele eigene Abfragen für die unterschiedlichsten Auswertungen formulieren kann, ohne dazu auf den Support durch die Softwarefirma angewiesen zu sein.

7.3.4 Desktop Publishing (DTP)

Für die professionelle Gestaltung von elektronisch produzierten Dokumenten werden häufig Desktop Publishing-Programme (DTP-Programme) eingesetzt. Anders als bei Textverarbeitungsprogrammen wird der Text nicht als Fließtext behandelt, sondern liegt in Form von einzelnen Textblöcken vor. Diese Textblöcke können flexibel in ihrer Form und Anordnung auf dem Papier verändert werden. Dadurch ist es z.B. möglich, Text um Grafiken fließen zu lassen. Darüber hinaus können dem Dokument satzspezifische Informationen zugewiesen werden (z.B. Schnittmarkierungen), die für die Weiterverarbeitung in Druckereien relevant sind.

DTP-Programme werden insbesondere von professionellen Grafikern und Layout-Fachleuten eingesetzt. Sie finden auch Einsatz in der Welt der Printmedien (Zeitungen, Zeitschriften).

Unternehmensbezogene Einsatzbereiche für DTP-Programme sind z.B. die Erstellung von:

- Prospekten,
- Faltblättern,
- Geschäftsberichten,
- Katalogen,
- Handbüchern.

ABC GmbH

Herr Kaufmann hat beschlossen, Infoblätter soweit wie möglich innerhalb des Unternehmens zu erstellen. Zu diesem Zweck wurde ein professionelles Satzprogramm angeschafft und eine Mitarbeiterin in speziellen Schulungen auf diese Aufgabe vorbereitet.

Die Mitarbeiterin kann nun die Dokumente selbständig setzen und eine Satzdatei erstellen. Die Satzdatei wird an eine Druckerei weitergeleitet, die mit diesen Daten direkt den Druckvorgang starten kann. Die ABC GmbH spart damit die Satzkosten und hat bis zum Abgabetermin Kontrolle über das Produkt.

7.3.5 Grafikprogramme

Grafikprogramme werden z.B. zur Erstellung von Illustrationen, Logos und Zeichnungen eingesetzt.

Grafikprogramme werden in zwei Kategorien eingeteilt:

- Pixel-Grafikprogramme,
- Vektor-Grafikprogramme.

Pixel-Grafikprogramme

Bei Pixel-Grafikprogrammen werden die Grafiken Punkt für Punkt aufgebaut und gespeichert. Rechtecke und Linien werden nicht als geometrische Formen weiterverarbeitet, sondern stellen nur Aneinanderreihungen von einzelnen Bildpunkten (Pixeln) dar. Durch die hohe Auflösung (große Anzahl der Pixel) werden die einzelnen Punkte durch das menschliche Auge nicht wahrgenommen. Die Speicherung von Pixelgrafiken ist sehr aufwendig und die Dateien beanspruchen viel Speicherplatz, da jeder einzelne Punkt gespeichert werden muß.

Vektor-Grafikprogramme

Vektor-Grafikprogramme stellen die Formen unter Verwendung mathematischer Funktionen dar. Ein Rechteck definiert sich über zwei Seitenlängen und vier rechte Winkel. Zur Darstellung dieses Rechtecks werden nur die erforderlichen geometrischen Informationen gespeichert (z.B. Position und Länge der Seiten). Die Dateien benötigen dadurch wesentlich weniger Speicherplatz als Pixel-Grafikdateien. Darüber hinaus können die erstellten Formen beliebig in ihrer Größe und Form verändert werden.

Eine besondere Form der vektororientierten Grafikprogramme sind Programme zur technischen Konstruktion (CAD = Computer Aided Design). In CAD-Programmen gibt es spezifische Funktionen zur Unterstützung der Konstruktion (z.B. lotgerechte Zeichnung von Linien an vorgegebene Punkte).

Grafikprogramme ermöglichen z.B. das Erstellen von

- Logos,
- Organigrammen,
- technischen Zeichnungen.

ABC GmbH

Die Mitarbeiterin, die mit der Gestaltung der Infoblätter beauftragt wurde, setzt ein Vektor-Grafikprogramm zur Erstellung von Illustrationen ein. Sie kann die zur Verfügung gestellten Funktionen nutzen, um professionelle Effekte zur optischen Gestaltung der Dokumente zu realisieren. Bei den Effekten handelt es z.B. um 3D-Schriftzüge, die frei im Raum gedreht werden und mit Licht- und Farbeffekten versehen werden können.

Ein anderer Mitarbeiter setzt eine CAD-Software ein, um technische Konstruktionen zu planen und umzusetzen. Er kann z.B. die Kabelwege von elektrischen Kabeln einer Anlage zeichnen. Mit unterschiedlichen Farben kann er die verschiedenen Kabel kennzeichnen (z.B. normale Stromkabel, Starkstromkabel).

7.3.6 Präsentationsprogramme

Präsentationsprogramme erleichtern, wie der Name schon vermuten läßt, die Präsentation von Informationen. Sie ermöglichen die Erstellung von Folien, auf denen Texte, Zahlen, Tabellen und Grafiken auf einfache Art in Kombination dargestellt werden können. Die Folien werden in einer Datei als Foliensammlung angelegt.

Die Präsentationsprogramme stellen vordefinierte Folienvorlagen zur direkten Bearbeitung zur Verfügung. Dazu zählen z.B.:

- Titelfolien mit vordefinierten Textfeldern für Titel und Untertitel, die als Startfolie einer Präsentation eingesetzt werden,
- Folien mit Textaufzählungen, um z.B. schlagwortartige Inhalte oder Thesen zu bestimmten Themen darzustellen,
- Folien mit Textfeldern und einem vordefinierten Bereich, in den eine Grafik oder ein Foto eingebunden werden kann,
- Folien mit der Möglichkeit tabellarischer Übersichten.

Die Folien können entweder ausgedruckt und mittels Overhead-Projektor präsentiert werden oder direkt über Projektionsgeräte vom Computer auf eine Leinwand projiziert werden. Bei der Computerpräsentation können die Folien selber und die Folienübergänge durch benutzerdefinierte Animationen aufgelockert werden. Derartige Auflockerungen sind z.B. der sukzessive Aufbau einer Folie im Laufe der Präsentation (z.B. zeilenweise) sowie Überblendeffekte.

ABC GmbH

Herr Kaufmann setzt ein Präsentationsprogramm ein, um seine Kundengespräche nach aktuellen Gesichtspunkten der Informationsverarbeitung zu unterstützen. Er hat sich eine umfangreiche Foliensammlung erstellt, die er nach kundenspezifischen Kriterien zu zielgruppenspezifischen Präsentationen zusammenfassen kann. Die Präsentationen sind auf seinem Notebook gespeichert. In der Regel besitzen seine Kunden einen Konferenzraum mit modernen Präsentationsmedien. Herr Kaufmann kann seine Präsentation über einen LCD-Projektor auf eine Leinwand projizieren und dadurch seine Vorträge visuell unterstützen.

Der Einsatz von Präsentationsprogrammen allein garantiert jedoch keine erfolgreiche Präsentation. Herr Kaufmann hat aus diesem Grund ein Seminar besucht, um sich mit Moderations- und Visualisierungstechniken auseinanderzusetzen. In diesem Seminar wurden u.a. folgende Themen behandelt und in Projekten geübt:

- Aufbau einer Präsentation (Materialzusammenstellung und Reduktion der Informationen auf wesentliche Aussagen),
- Gestik und Mimik (Körpersprache),
- Rhetorik,
- Techniken zur effektiven Weckung von Aufmerksamkeit und Interesse bei den Adressaten (Zielgruppe),
- zielgruppenspezifisches Verhalten.

Herr Kaufmann verspricht sich von dem Einsatz dieser Techniken eine positive Auswirkung im Bereich der Akquisition von Aufträgen.

7.3.7 Office-Pakete

Office-Pakete stellen eine Kombination häufig benutzter DV-gestützter Büroanwendungen dar. Typische Bestandteile sind: Textverarbeitung, Tabellenkalkulation, Datenbankverwaltung, Grafikprogramm, Terminverwaltung, Adreßverwaltung und Präsentationsprogramm. Das besondere bei Office-Paketen ist die Vereinheitlichung der Benutzeroberflächen und Befehlsstrukturen der einzelnen Programme. Dadurch soll die Anwendung der im Office-Paket enthaltenen Einzelprogramme erleichtert werden. Ein Vorteil ist auch die einfache Datenübernahme zwischen den einzelnen Anwendungen eines Office-Paketes.

7.4 Workgroup Computing

Mit dem Begriff „Workgroup Computing" werden Softwarepakete bezeichnet, die eine gruppenorientierte Arbeitsform unterstützen. Sie enthalten standardisierte Werkzeuge der Bürokommunikation (siehe Kapitel 7.3). Darüber hinaus beinhalten sie eine spezielle Software zur Unterstützung der Gruppenarbeit, die als Groupware bezeichnet wird und z.B. Komponenten für die Übertragung von Informationen und Nachrichten, für gemeinsame Terminplanung und gemeinsames Arbeiten an Dokumenten beinhaltet.

Das Workgroup Computing wird in drei Kategorien unterteilt [vgl. 11, S. 452f.]:

Bild 7.8: Workgroup Computing

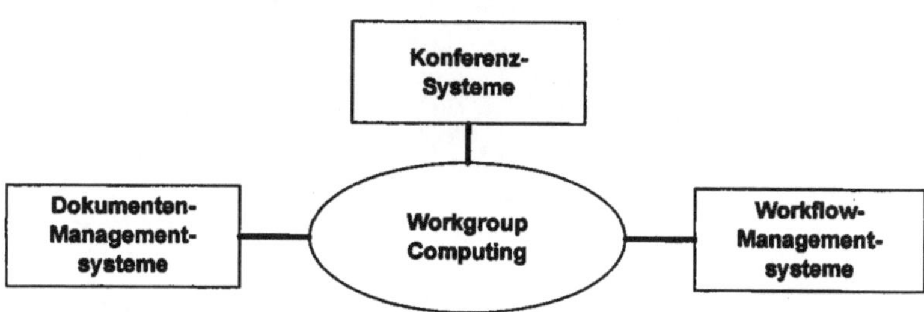

7.4.1 Konferenz-Systeme

Der Einsatz von Konferenz-Systemen ermöglicht die Durchführung einer Konferenz, obwohl die einzelnen Teilnehmer räumlich voneinander getrennt sind.

ABC GmbH

Herr Kaufmann hat in den vergangenen Jahren Kooperationen mit räumlich entfernten Unternehmen geschlossen. Nachdem sich die Geschäftspartner mehrfach zu konstituierenden Gesprächen in den jeweiligen Unternehmen getroffen haben, möchten sie nun die Möglichkeiten moderner Konferenz-Systeme nutzen. Sie verschaffen sich zunächst einen Überblick über die verschiedenen Arten von Konferenz-Systemen.

Die folgende Tabelle (Bild 7.9) stellt gängige Konferenz-Systeme dar und erläutert ihre Funktionsweisen und Techniken.

Bild 7.9:
Konferenz-Systeme

Konferenz-Systeme	Funktionsweise/Techniken
Computer-Konferenz	Zur Kommunikation werden elektronische Mail-Dienste eingesetzt. Die Kommunikation wird über Texte geregelt.
Audio-Konferenz	Die Gesprächspartner können mit Hilfe sogenannter Konferenzschaltungen miteinander sprechen. Diese Technik ist Bestandteil moderner Telefonanlagen.
Video-Konferenz	Die Gesprächspartner können sich auf Bildschirmen sehen und miteinander sprechen. Dazu werden spezielle Kamerasysteme und Mikrofone in Verbindung mit Telefonverbindungen (in der Regel über Computer) eingesetzt. Dieses System ermöglicht das direkte Zeigen von Dokumenten oder technischen Geräten etc.
Dokumenten-Konferenz	Die Gesprächspartner können sich sehen und miteinander sprechen. Darüber hinaus nutzen sie die gleichen Bürokommunikationswerkzeuge und können gemeinsam an einem Produkt (z.B. Textdokument, Berechnungstabelle oder Zeichnung) arbeiten.

Telekooperation

Der Vorteil dieser Konferenz-Systeme liegt in dem gesparten Kostenfaktor Zeit: Die Teilnehmer können gemeinsam und gleichzeitig an Projekten arbeiten, obwohl sie sich nicht am selben Ort befinden. Diese Arbeitsform wird auch mit dem Begriff Telekooperation bezeichnet [vgl. 8, S. 4ff.].

Telekooperation ist eine freiwillige Zusammenarbeit wirtschaftlich selbständiger Unternehmen mit Unterstützung durch Informations- und Kommunikationstechnik. Es handelt sich um eine interaktive, überwiegend zeitgleiche Arbeitsweise.

Telekooperationen haben folgende Vorteile:

- Einsparung von Reisezeiten,
- Einsparung von Reisekosten,
- beschleunigte Vorgangsbearbeitung,
- verbesserte Zusammenarbeit mit externen Experten.

Mögliche Nachteile und Probleme im Zusammenhang mit Telekooperationen können sein:

- unzureichende Übereinstimmung der Hardware- und Softwarevoraussetzungen der Unternehmen,
- hohe Kosten für die Telekommunikation,
- hohe Investitionskosten.

Es muß im Einzelfall geprüft werden, ob und für welche Anwendungsbereiche der Einsatz von Informations- und Kommunikationstechniken in Form von Telekooperationen sinnvoll und wirtschaftlich vertretbar ist.

ABC GmbH

Herr Kaufmann und seine Geschäftspartner entscheiden sich für den Einsatz der Videokonferenz. Sie legen Wert auf die Möglichkeit, auch visuell in Kontakt zu treten, um Besprechungen besser durchführen zu können. Darüber hinaus können sie gleichzeitig Werkstücke präsentieren und technische Details besprechen.

7.4.2 Workflow-Managementsysteme [vgl. 11, S. 453, 13, S. 503ff.]

Unter Workflow-Managementsystemen werden Systeme zur Vorgangssteuerung verstanden. Dabei handelt es sich um die Steuerung der Arbeitsabläufe aller beteiligten Mitarbeiter, die zur Bearbeitung von Geschäftsprozessen notwendig sind. Die einzelnen Arbeitsschritte für die Vorgangsbearbeitung werden als Workflow bezeichnet. Weit verbreitet sind diese Systeme z.B. in der Banken- und Versicherungsbranche. In diesen Branchen gibt es eine Vielzahl von standardisierten Vorgängen (z.B. Abwicklung eines Kredits oder der Abschluß von Versicherungen).

Die Workflow Management Coalition (WfMC) ist eine Interessengemeinschaft mit über 100 Mitgliedern, die es sich zum Ziel gesetzt hat, Standards zu vereinbaren. Bei diesen Standards geht es um Begriffsbestimmungen sowie um die Interoperabilität. Mit dem Begriff Interoperabilität wird das Zusammenarbeiten der unterschiedlichen Workflow-Managementsysteme bezeichnet (Übergabe von Vorgängen).

Workflow-Managementsysteme sind teilweise aus Werkzeugen der Bürokommunikation entstanden. Neben diesen Lösungen gibt es Programme, die völlig eigenständig entwickelt wurden.

Die Aufgaben eines Workflow-Managementsystems lassen sich in drei Komponenten unterteilen, wie in der folgenden Abbildung dargestellt wird.

Bild 7.10: Aufgaben eines Workflow-Managementsystems

Die Planung von Arbeitsprozessen beinhaltet u.a. die Erstellung von Masken und Abläufen (durch Modellierungssysteme) sowie Testläufe, um das Verhalten im realen Betrieb zu simulieren (durch Simulationssysteme). Dazu werden die Vorgänge in strukturierte und unstrukturierte Prozesse unterteilt. Die strukturierten Arbeitsprozesse können für die automatisierte Vorgangsbearbeitung berücksichtigt werden, da hier die dafür notwendigen Vorschriften und Regeln vorliegen. Die unstrukturierten Arbeitsprozesse lassen sich nur teilweise oder eventuell auch gar nicht automatisieren.

Das Ausführen sowie die Kontrolle von Arbeitsprozessen ermöglichen die eigentliche Vorgangsbearbeitung.

Je nach System werden die Workflows mehr oder weniger starr abgearbeitet. In einer einfachen Form gibt das Workflow-Managementsystem dem Benutzer Wege vor, wie ein Vorgang bearbeitet wird. Es stellt dem Anwender z.B. bestimmte Dokumente zur Verfügung, fordert Eingaben und leitet das Dokument dann zur Speicherung und gegebenenfalls zum Ausdruck weiter.

In einer erweiterten Form kann das Management in die Abläufe eingreifen und damit den Vorgang beeinflussen. Dies kann z.B. in Form von Hinweisen oder Warnmeldungen erfolgen oder in der Vorgabe von Ausnahmeregelungen. Vorgänge können vom

System automatisch gestoppt werden, bis benötigte Informationen aus anderen Prozessen vorliegen. Wird z.B. ein Kreditantrag bearbeitet, wird der Vorgang der Vergabe so lange gestoppt, bis eine Schufa-Anfrage eingetroffen ist.

ABC GmbH

Ansätze eines Workflow-Managements sind in der ABC GmbH bereits vorhanden (z.B. im Rahmen der Auftragsabwicklung). Herr Kaufmann überlegt, Workflow-Managementsysteme gezielt auch in anderen Unternehmensbereichen einzuführen.

7.4.3 Dokumenten-Managementsysteme

In Unternehmen und öffentlichen Verwaltungen entstehen viele Informationen, die aufbewahrt werden müssen. So muß z.B. eine städtische Bauverwaltung nicht nur die abgearbeiteten Bauanträge und Vorgänge der vergangenen Jahrzehnte aufbewahren, sondern auch permanent neue Anträge dokumentieren. Die damit verbundenen Tätigkeiten werden mit dem Begriff „Archivierung" bezeichnet. Neben schriftlichen Akten gibt es zunehmend auch magnetisch und optisch gespeicherte Informationen. Die modernen Archivierungssysteme werden mit dem Begriff „Dokumenten-Managementsysteme" bezeichnet.

Informationen, die nicht in digitaler Form vorliegen (z.B. schriftliche und grafische Belege sowie Zeichnungen) werden üblicherweise über Scannersysteme in digitale Daten umgewandelt und dadurch maschinell verarbeitbar gemacht. Diese Vorgänge werden auch als Image Processing oder Imaging bezeichnet.

Dokumenten-Managementsysteme übernehmen klassische Aufgaben der Datenverarbeitung:

- Erfassen,
- Verarbeiten,
- Speichern,
- Wiederfinden,
- Verteilen,
- Drucken von Informationen.

Die Benutzer von Dokumenten-Managementsystemen können bei Bedarf Informationen in Form von Aktennotizen oder Vermerken über die Tastatur eingeben.

7.5 Telearbeit

Die Entwicklungen im Bereich der Informations- und Kommunikationstechnik haben Auswirkungen auf die Arbeitswelt. Eine daraus resultierende Entwicklung ist die Telearbeit. Kennzeichen der Telearbeit ist die Erledigung der Arbeitsaufgaben an einem außerbetrieblichen Arbeitsplatz [vgl. 10, S. 41f.].

Es haben sich verschiedene Formen der Telearbeit herauskristallisiert, die im folgenden dargestellt werden [vgl. 8, S. 3ff.].

Bild 7.11: Organisationsformen der Telearbeit

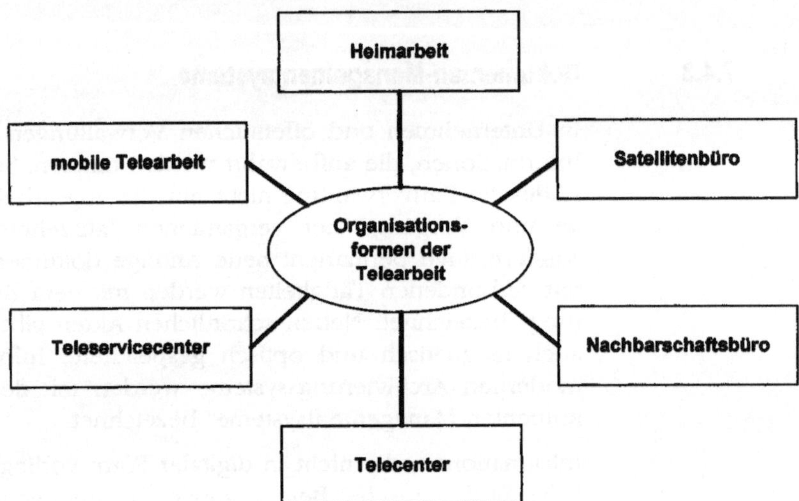

Der Heimarbeitsplatz ermöglicht die Arbeit zu Hause. Durch einen PC, der mit dem Unternehmensrechner verbunden ist, kann eine direkte Kommunikation mit dem Arbeitgeber erfolgen. Eine Möglichkeit der Verbindung bietet der Internet-Dienst Telnet (vgl. Kapitel 5.6.2). Eine Variante der Heimarbeit ist die alternierende Telearbeit. Bei dieser Form ist der Mitarbeiter sowohl zu Hause als auch im Unternehmen tätig. Der Arbeitsort kann so flexibel auf die zu erledigenden Aufgaben abgestimmt werden. An dem Arbeitsplatz zu Hause können selbständige Aufgaben bearbeitet werden. Die Arbeitszeit im Büro kann dazu genutzt werden, um erforderliche Abstimmungen und Gespräche mit Vorgesetzten und Kollegen zu führen.

Satellitenbüros sind dezentrale Arbeitsstätten eines Unternehmens, die für mehrere Mitarbeiter in der Nähe ihres Wohnortes eingerichtet werden. Diese Organisationsform kommt z.B. bei telefonischen Servicedienstleistungen wie Telefonmarketing oder Informationsdiensten zum Einsatz.

Auch bei den Nachbarschaftsbüros steht die Ausrichtung an die Wohnregion der Mitarbeiter im Vordergrund. Im Unterschied zu Satellitenbüros wird hier jedoch eine dezentrale Betriebsstätte gemeinsam von mehreren Unternehmen betrieben. Die Kosten der Büroinfrastruktur verteilen sich dadurch auf mehrere Firmen.

Telecenter sind Büroeinheiten, die von privaten und öffentlichen Trägern als Dienstleistung für Unternehmen angeboten werden. Telecenter sind mit moderner Informations- und Kommunikationstechnik ausgestattet. Die nutzenden Unternehmen können somit Räumlichkeiten, Hardware und Software oder auch komplett ausgestattete Arbeitsplätze nutzen.

Teleservicecenter stellen einer Erweiterung der Telecenter dar. Sie bieten neben der Bereitstellung einer Büroinfrastruktur auch Dienstleistungen wie z.B. Sekretariatsdienste, Telefondienste oder Übersetzungsdienste an. Dieses Angebot richtet sich vor allem an räumlich entfernte Unternehmen.

Die mobile Telearbeit ist eine Organisationsform für den Außen- und Kundendienst. Die Mitarbeiter sind mit einem Notebook ausgestattet, das über einen Mobilfunkanschluß mit dem Unternehmen kommunizieren kann. Dadurch besteht die Möglichkeit, unabhängig von einem festen Arbeitsort zu arbeiten.

Beurteilung von Telearbeit

Mit der Einführung von Telearbeit sind z.B. folgende Vorteile verbunden:

- Vereinbarkeit von Familie und Beruf,
- Berücksichtigung individueller Wünsche von Mitarbeitern,
- Schaffung neuer Arbeitsplätze in ländlichen/strukturschwachen Gebieten,
- Beschäftigungsmöglichkeiten für Behinderte,
- erhöhte Mitarbeitermotivation.

Mögliche Nachteile der Telearbeit sind z.B.:

- Gefahr der sozialen Isolation der Mitarbeiter,
- Probleme bei der Führung/Kontrolle der Mitarbeiter,
- datenschutzrechtliche Probleme,
- hoher organisatorischer Aufwand,
- hoher technischer Aufwand.

Geeignete Tätigkeiten für Telearbeitsplätze sind z.B.:

- Erfassung und Bearbeitung von Texten,
- Datenerfassung,
- Programmierung,
- Außendiensttätigkeiten,
- CAD-Bearbeitung,
- kreative Tätigkeiten (z.B. Layout, Grafikentwicklung),
- Buchhaltung.

Mitarbeiter mit Telearbeitsplätzen müssen bestimmte Voraussetzungen erfüllen. Persönliche Voraussetzungen sind z.B. Eigenschaften wie

- Zuverlässigkeit,
- Selbständigkeit,
- Engagement,
- Eigenmotivation.

Kenntnisse in den Bereichen Hardware, Software und Telekommunikation sind darüber hinaus von großer Bedeutung.

ABC GmbH

Herr Kaufmann richtet für den Außendienst mobile Telearbeitsplätze ein. Die Mitarbeiter werden mit einem Notebook ausgestattet, auf dem die notwendige Software installiert ist. Darüber hinaus können die Mitarbeiter eine Online-Verbindung mit der ABC GmbH herstellen, um z.B. Aufträge zu übertragen und Artikelbestände abzufragen.

Für die Mitarbeiterin Michaela Meier wird ein alternierender Heimarbeitsplatz eingerichtet. Ihre Hauptaufgabe besteht in der Erstellung von Infoblättern und Prospekten über Artikel und Dienstleitungen der ABC GmbH. Die Umsetzung dieser Aufgaben erfordert ein hohes Maß an Kreativität und Engagement, der Arbeitsort muß dafür nicht notwendigerweise innerhalb des Unternehmens sein. Michaela Meier ist jedoch stundenweise zu festgelegten Zeiten auch im Unternehmen präsent, um inhaltliche Abstimmungen vorzunehmen und aktuelle Projekte zu besprechen sowie neue Projekte zu erhalten.

7.6 Zusammenfassung und Ausblick

Es läßt sich feststellen, daß die Einführung neuer Informations- und Kommunikationstechniken Auswirkungen auf viele berufliche und gesellschaftliche Felder mit sich bringt.

Die technische Ausstattung (Hardware und Software) der Arbeitsplätze wird fortlaufend weiterentwickelt und immer leistungsfähiger. Damit verbunden ist eine ständig verbesserte Benutzerfreundlichkeit, die sich positiv auf die Akzeptanz der Technik durch die Anwender auswirkt.

Die Hersteller der Werkzeuge für die Bürokommunikation (z.B. Office-Pakete) berücksichtigen zunehmend Aspekte der Benutzerfreundlichkeit, indem sie z.B. die Programmoberflächen angleichen. Das erleichtert den Anwendern das Einarbeiten in neue Programme oder Programmteile. Die Hilfefunktionen der Programme werden immer komfortabler. So werden z.B. sogenannte Assistenten angeboten, die den Anwender bei bestimmten Problemstellungen gezielt durch die erforderlichen Programmschritte führen. Auch die Technologien des Internets als modernes Kommunikationsmedium sind sehr bedienerfreundlich. So ermöglichen z.B. Hypertext-Dokumente eine schnelle Einarbeitung in die Bedienung des Internets.

Trotz derartiger Vereinfachungen und Hilfestellungen müssen die Anwender aufgrund der Dynamik der Entwicklungen sehr flexibel sein. Sie sind gefordert, sich ständig mit neuen Technologien auseinandersetzen.

In diesem Prozeß ist es wichtig, daß die Unternehmen ihre Mitarbeiter auf die neuen bzw. veränderten Anforderungen vorbereiten. Dies wird z.B. durch interne und externe Schulungen realisiert. Darüber hinaus werden zunehmend sogenannte CBT-Progamme eingesetzt. CBT steht für Computer-Based-Training. Es handelt sich hierbei um Selbstlernprogramme, die es dem Anwender ermöglichen, sich eigenständig in neue Programme, Programmversionen oder bestimmte Problemstellungen einzuarbeiten.

Eine wichtige Voraussetzung für den Erfolg des Einsatzes neuer Informations- und Kommunikationstechniken ist neben den Schulungen die Offenheit der Mitarbeiter für die neuen Entwicklungen.

Eine neue Entwicklung im Softwarebereich ist die Zunahme des Einsatzes von Workflow-Managementsystemen zur automatischen Vorgangssteuerung. Sie unterstützen die Strukturierung und Standardisierung der Arbeitsabläufe innerhalb des Unternehmens. Dies ist im Rahmen von Qualitätssicherungssystemen sehr wichtig.

Die neuen Informations- und Kommunikationstechniken ermöglichen auch neue Formen von Arbeitsplätzen (z.B. Telearbeit), die für Arbeitgeber und Arbeitnehmer Vorteile mit sich bringen.

Eine wesentliche gesellschaftliche Auswirkung der neuen Technologien im beruflichen Bereich ist die Umstrukturierung der Berufsfelder. Berufsbilder ändern sich, neue kommen hinzu. Dies zeigt sich z.B. in dem Angebot neuer Ausbildungsberufe im Bereich der Informations- und Telekommunikationstechnik (IT-Berufe):

- IT-Systemelektroniker/in,
- Fachinformatiker/in
  Fachrichtung Systemintegration
  Fachrichtung Anwendungsentwicklung,
- IT-System Kaufmann/Kauffrau,
- Informatikkaufmann/Kauffrau.

Die Einführung neuer Techniken ist kein einmaliger Vorgang, sondern als Prozeß zu verstehen, da es ständig neue technologische Entwicklungen gibt. Die Organisation der Unternehmen muß an den neuen Techniken ausgerichtet werden. Dies erfordert Mitarbeiter, die neben einem technischen Basiswissen vor allem Kenntnisse über organisatorische Abläufe und Informationsflüsse der einzelnen Abteilungen besitzen.

Im Rahmen der zunehmenden Firmenverschmelzungen sowie der Globalisierung der Märkte werden die Technologien der Telekooperation eine immer größere Rolle spielen. Es ist möglich, Konferenzen und Besprechungen durchzuführen, ohne daß sich die Teilnehmer am selben Ort befinden müssen. Ein interessanter Vorteil der neuen Techniken in Form von Konferenz-Systemen sind die erweiterten Möglichkeiten der gemeinsamen Projektbearbeitung. Konferenz-Systeme ermöglichen z.B. die gemeinsame Nutzung von Bürokommunikationswerkzeugen. So können Dokumente, Berechnungen oder Zeichnungen ohne Zeitverlust kooperativ erstellt und überarbeitet werden.

7.7 Fragen und Aufgaben

1. Nennen Sie vier typische Bürotätigkeiten.
2. Welche Aufgabentypen werden im Hinblick auf ihren Aufwand unterschieden?
3. Nennen Sie die drei Kategorien des Workgroup Computing.
4. Mit welchem Konferenzsystem können Gesprächspartner sich sehen, miteinander sprechen und gemeinsame Bürokommunikationssysteme nutzen?
5. Nennen Sie die drei Aufgaben eines Workflow-Managementsystems.
6. Nennen Sie die sechs Organisationsformen der Telearbeit.
7. Nennen Sie drei Vorteile und drei Nachteile der Telearbeit.
8. Welche Tätigkeiten eignen sich für Telearbeitsplätze? Nennen Sie fünf Beispiele.

8 Lösungen zu den Fragen und Aufgaben

Kapitel 2

1. Informationen sind Angaben über Sachverhalte und Vorgänge. Sobald Informationen in maschinell verarbeitbarer Form vorliegen, werden sie Daten genannt. Daten sind somit eine Untermenge von Informationen.
2. Nutzdaten sind Daten, die Personen, Dinge und Abläufe der realen Welt beschreiben und computergestützt verarbeitet werden (z.B. Personaldaten). Steuerdaten sind Daten, die der Steuerung von rechnerinternen Verarbeitungsprozessen dienen (z.B. Programm zur Lohn- und Gehaltsabrechnung).
3. Zuordnung der Datenarten zu den Nutzdaten:
(A = Stammdaten; B = Änderungsdaten; C = Bestandsdaten; D = Bewegungsdaten)

Kundennummer	A
Bestellmenge	D
Lagerzugang	D
Bankverbindung eines Mitarbeiters	A
Lagerbestand eines Artikels	C
Warenentnahme	D
Anschriftsänderung nach Umzug	B
Telefonnummer eines Kunden	A
Kontostand	C
Änderung der Kinderanzahl eines Mitarbeiters	B

4. Zuordnung der Datentypen:
(A = alphabetisch; B = numerisch; C = alphanumerisch)

345,67	B
(02541) 123456	C
Akkuschrauber Drehfix	A
Akkuschrauber Drehfix 200	C
BLZ 222 333 44	C
12	B
ABC GmbH	A

5. Zeichen, Datenfeld, Datensatz, Datei, Datenbank
6. a) 8 Bit = 1 Byte

   b) 1024 Kilobyte = 1 Megabyte
7. Aufgrund der acht Bits eines Bytes und der zwei möglichen Darstellungen eines Bits (0 oder 1) ergeben sich 2^8 = 256 Kombinationsmöglichkeiten. Mit einem Byte können also 256 verschiedene Zeichen codiert werden.
8. Zeichen werden anhand einer Codierungstabelle (z.B. ASCII-Code) dargestellt. Zahlen werden über ein mathematisches Verfahren dargestellt (duales Zahlensystem).

Kapitel 3

1. Tastatur, Maus, Scanner, Trackball, Touchpad, Lichtstift, Grafiktablett, Kartenleser, Touch Screen
2. Farbdarstellung, Auflösung, Geschwindigkeit und Größe
3. Unter Auflösung eines Monitors versteht man die Darstellung der Monitorausgaben durch viele einzelne Bildpunkte (Pixel). Die Auflösung wird durch zwei Werte dargestellt (z.B. 800 x 600). Dabei gibt die erste Zahl die Anzahl der horizontalen Bildpunkte an. Die zweite Zahl bezieht sich auf die vertikale Anzahl der Bildpunkte. Je größer die Anzahl der Bildpunkte ist, desto höher ist die Auflösung.

4. Merkmal (Ausprägung)
   - Druckgeschwindigkeit (Anzahl gedruckter Seiten/Minute)
   - Druckqualität (Auflösung in Punkten je Zoll (dpi = dots per inch))
   - Farbdarstellung (einfarbig (monochrom), mehrfarbig)
   - Lautstärke (Druckgeräusch, Geräusch beim Papiereinzug)
   - Unterhaltungskosten (Verbrauchsmaterial z.B. Tintenpatronen, Farbbänder, Toner, Fotoleitertrommeln)
   - Wartungsintervall (Abstand zwischen den Wartungen (angegeben in Anzahl Seiten)
   - Bedienungsfreundlichkeit (Austausch von Verbrauchsmaterial, Einlegen von Papier)
   - Erzeugung von Durchschlägen (möglich, nicht möglich)
   - Druckmedienformat (Mediengröße z.B. DIN A 4, DIN A 3)
   - Druckmedienart (Papier, Folien, Größe des Papiers, Endlospapier)
   - Druckmechanik (mit Anschlag, anschlagfrei)
   - Druckaufbereitung (zeichen-, zeilen-, seitenweise)
   - Art der Zeichenausgabe (ganzes Zeichen, Matrix)
   - Umweltverträglichkeit (z.B. Ozonbelastung, Energieverbrauch).
5. Laserdrucker oder auch Tintenstrahldrucker.
6. Hauptspeicher, Prozessor, Ein- und Ausgabewerke, Bus, Schnittstellen
7. Der Arbeitsspeicher enthält nur Daten, wenn der Computer eingeschaltet ist, d.h. mit Strom versorgt ist. Mit dem Ausschalten des Computers verliert der Arbeitsspeicher seinen Inhalt.
8. Der Datenbus ist für die Übertragung von Befehlen und Daten zuständig.

   Der Adreßbus wird für die Adressierung der verfügbaren Speicherstellen eingesetzt. Die Breite des Adreßbusses bestimmt die maximale Größe des Arbeitsspeichers.

   Der Steuerbus überträgt Signale für die angeschlossenen Geräte (z.B. Systemunterbrechungen).
9. Diskette, Festplatte, Magnetband

10. Der sequentielle Zugriff wird z.B. bei Magnetbändern eingesetzt. Um bestimmte Informationen eines Magnetbandes zu lesen, muß das Band zunächst an die Stelle gespult werden, an der sich die Information befindet. Beim wahlfreien Zugriff kann ein direkter Zugriff auf die gewünschte Information erfolgen. Dies ist z.B. bei der CD-ROM, der Diskette oder der Festplatte möglich.

11. Im Gegensatz zum Diskettenlaufwerk befindet sich das Festplattenlaufwerk bei eingeschaltetem Computer permanent in Rotation. Darüber hinaus ist die Rotationsgeschwindigkeit wesentlich höher als bei Diskettenlaufwerken. Diese beiden Faktoren führen zu einer erheblich schnelleren Zugriffszeit auf die Daten.

Kapitel 4

1. Systemsoftware und Anwendungssoftware.

2. Verwaltung der Hardware; Steuerung der Kommunikation zwischen Hardware und Anwender; Bereitstellung eines Dateiverwaltungssystems; Bereitstellung von Werkzeugen zur Programmerstellung und zum Programmtest

3. Ein Online-Betrieb liegt dann vor, wenn eine direkte Verbindung zwischen Computern oder peripheren Geräten vorliegt. Ein Offline-Betrieb liegt vor, wenn keine direkte Verbindung zwischen Computern oder peripheren Geräten besteht.

4. Mit einem Zeitscheibenverfahren werden Zeiteinheiten der Rechenzeit auf mehrere Aufgaben (Tasks) oder Prozesse verteilt. Den in Verarbeitung befindlichen Prozessen werden festgelegte Anteile der Zeitscheibe zugeordnet, die dann in der vorgegebenen Reihenfolge in Anspruch genommen werden können.

5. Bei einer Interpretersprache wird der Quelltext beim Programmstart Zeile für Zeile in Maschinensprache übersetzt.

   Bei Compilersprachen wird der Quelltext vor dem Programmstart vollständig in Maschinensprache übersetzt. Erst wenn dieser Übersetzungslauf fehlerfrei durchlaufen ist, wird das Programm gestartet.

6. Individualsoftware wird individuell auf die Problemstellungen eines bestimmten Unternehmens oder einer Unternehmensgruppe zugeschnitten. Dadurch wird es möglich, Besonderheiten der Unternehmensabläufe und -struktur zu berücksichtigen.

   Im Unterschied zur Individualsoftware wird Standardsoftware für den Einsatz in unterschiedlichen Unternehmen erstellt. Standardsoftware zeichnet sich durch eine vielfältige Einsetzbarkeit aus und hat daher einen großen Verbreitungsgrad. Die daraus resultierenden hohen Absatzzahlen erfordern auf Seiten des Abnehmers geringere Investitionskosten.

7. Das Datenbankfeld „Kundenname" eignet sich nicht als Primärschlüssel. Ein Primärschlüssel setzt eine eindeutige Identifizierung voraus. Wäre der Kundenname Primärschlüssel, dürfte jeder Name nur ein einziges Mal vorkommen. Dies könnte in vielen Fällen (z.B. Müller) ein Problem darstellen.

8. Redundante Daten sind Daten, die mehrfach gespeichert sind. Nachteile sind ein erhöhter Erfassungsaufwand, ein erhöhter Aufwand für die Datenpflege, die Gefahr der Entstehung unterschiedlicher Datenbestände (Inkonsistenzen).

9. Basissysteme, Controllingsysteme, Entscheidungsunterstützungssysteme (EUS), Führungsinformationssysteme (FIS)

10. Zieldefinition, Ist-Analyse, Soll-Konzeption, Marktanalyse, Einholen von Angeboten, Auswahlverfahren, Vertragsabschluß, Installation, Schulung und Einführung

11. Einmalige Kosten (z.B. Anschaffungskosten, Installationskosten, Einführungsbetreuung, Schulungskosten, Kosten für Handbücher) und Folgekosten (z.B. Wartungskosten, Supportkosten).

12. Aufstellung der Kriterien, Gewichtung der Kriterien, Bewertung der Alternativen, Bestimmung der Teilnutzen und Nutzwertermittlung

Kapitel 5

1. Unter Codierung versteht man die Umwandlung der zu übertragenden Information in eine für das jeweilige Kommunikationsmedium verständliche Signalform.

2. Die Aufgabe eines Modems läßt sich aus seiner Bezeichnung ableiten. Das Kunstwort „Modem" steht für Modulation und Demodulation. Es handelt sich um Geräte zur Umwandlung digitaler Daten in analoge Daten (Frequenzen) und umgekehrt. Diese Umwandlung wird als Modulation und Demodulation bezeichnet.

3. Simplex-, Halbduplex- und Duplexverbindungen unterscheiden die Verbindungsarten hinsichtlich der Richtung des Kommunikationsflusses im Rahmen der Datenübertragung. Eine einfache Simplexverbindung liegt vor, wenn das Senden immer nur in eine Richtung (vom Sender zum Empfänger) erfolgt. Bei einer Halbduplexverbindung können die Kommunikationspartner immer nur wechselseitig senden und empfangen. Bei einer Duplexverbindung können die Kommunikationspartner beide gleichzeitig senden und empfangen.

4. verdrillte Kupferkabel, Koaxialkabel, Glasfaserkabel, Funknetz, Infrarot

5. Bei der asynchronen Übertragung werden einzelne Zeichen zeichenweise übertragen. Bei der synchronen Übertragung werden aus mehreren Zeichen bestehende Datenpakete übertragen.

6. Die Methode der Paritätsprüfung ist nicht sehr sicher, da sie grundsätzlich nicht in der Lage ist, auf absolut gültige Übertragung zu prüfen. Wenn sich z.B. 2 Bits entgegengesetzt umgedreht haben (eine 1 wurde zur 0 und eine 0 wurde zur 1) wird dies nicht erkannt. Auch wird durch dieses Verfahren nicht sichergestellt, daß die Bits an der richtigen Stelle des Bytes stehen.

7. Anklopfen, Anrufliste, Anrufweiterschaltung, Dreierkonferenz, Makeln, Rückruf, Anzeige der Rufnummer

8. gemeinsame Nutzung von Datenbeständen, gemeinsame Nutzung von Programmen, gemeinsame Nutzung teurer Peripheriegeräte, verbesserte Möglichkeiten des Datenschutzes, verbesserte Möglichkeiten der Datensicherung

9. Local Area Network (LAN), Metropolitan Area Network (MAN), Wide Area Network (WAN), Global Area Network (GAN)

10. Bei einem Busnetz sind alle Computer an einen Kabelstrang angeschlossen. Am Anfang und Ende des Kabelstrangs befindet sich jeweils ein Abschlußwiderstand.

    Bei einem Sternnetz gehen die Kabel sternförmig vom Server an die angeschlossenen Computer. Jeder Computer ist also direkt mit dem Server verbunden.

    Bei einem Ringnetz gibt es einen zentralen Kabelring, an den die Computer angeschlossen sind.

11. WWW, E-Mail, FTP, Newsgroups, Telnet.

12. Als Intranet werden Unternehmens-Netzwerke bezeichnet, die Internetprotokolle (TCP/IP) einsetzen. Intranets sind nicht zwingend mit dem Internet verbunden. Sie können sich auch ausschließlich auf die Nutzung der unternehmenseigenen Daten beziehen.

Kapitel 6

1. juristische Kenntnisse, Unternehmenskenntnisse, betriebswirtschaftliche Kenntnisse, Kenntnisse der Informationsverarbeitung

2. logisches Denkvermögen, Lernfähigkeit, Lernwilligkeit, Konflikt- und Konsensfähigkeit, Durchsetzungsvermögen, Mut zur eigenen Meinung, Umsetzung von abstrakten Sachverhalten, pädagogische/didaktische Fähigkeiten, sorgfältiges und selbständiges Arbeiten, Beurteilungsfähigkeit für Risiken, Organisationsfähigkeiten, Fähigkeit zur Teamarbeit

3. Personenbezogene Daten sind laut § 3 Absatz 1 BDSG "... Einzelangaben über persönliche oder sachliche Verhältnisse einer bestimmten oder bestimmbaren natürlichen Person (Betroffener)". Bestimmt wird eine Person durch ihren Namen. Bestimmbar ist eine Person z.B. durch ihre Personalnummer. Einzelangaben bezogen auf einen Mitarbeiter sind z.B. Name, Vorname, Familienstand, Anzahl der Kinder, Konfession, Alter oder Anschrift.

4. Bei einer automatisierten Datei ist eine Auswertung nach bestimmten Merkmalen durch Automatisierung möglich. Eine nicht-automatisierte Datei kann nur ohne Automatisierung nach bestimmten Merkmalen geordnet, umgeordnet oder ausgewertet werden.

5. Speichern, Verändern, Übermitteln (Weitergeben, Einsehen oder Abfragen), Sperren, Löschen
6. Anschriftenänderung eines Kunden oder eines Mitarbeiters, Änderung der Steuerklasse eines Mitarbeiters, Änderung des Familienstandes eines Mitarbeiters
7. Eine Zugangskontrolle dient dazu, Unbefugten den Zugang zu DV-Anlagen, mit denen personenbezogene Daten verarbeitet werden, zu verwehren. Maßnahmen sind z.B. Schaffung von Sicherheitsbereichen, Berechtigungsausweise, Schlüsselregelung, Codekarten, Besucherausweise, Anwesenheitsaufzeichnungen, Closed-Shop-Betrieb.
8. Bei Erlaubnis oder Anordnung durch das BDSG (§§ 28 ff), wie z.B. im Rahmen der Zweckbestimmung eines Vertragsverhältnisses (z.B. zwischen Arbeitgeber und Arbeitnehmer) oder wenn die Daten aus allgemein zugänglichen Quellen entnommen werden können (z.B. Zeitungen, Handelsregister, Telefonbücher, Adreßbücher).

   Bei Erlaubnis oder Anordnung durch eine andere Rechtsvorschrift (z.B. Tarifvertrag, Betriebsvereinbarung).

   Bei Einwilligung des Betroffenen.
9. Recht auf Benachrichtigung (§ 33 BDSG), Recht auf Auskunft (§ 34 BDSG), Recht auf Berichtigung, Löschung, Sperrung (§ 35 BDSG)
10. Sperren des Diskettenlaufwerkes durch ein spezielles Schloß, Ausbau des Diskettenlaufwerkes, Einstellung des PC, die verhindert, daß vom Diskettenlaufwerk gestartet werden kann
11. Eine Firewall hat die Aufgabe, Zugriffe eines externen Netzes zu überwachen, illegale Zugriffe zu erkennen und zu unterbinden. Ziel ist die größtmögliche Sicherheit des so geschützten Netzes.

Kapitel 7

1. Erstellung, Bearbeitung, Übertragung und Archivierung von Informationen.
2. Einzelfallaufgaben, Regelaufgaben und Routineaufgaben.

3. Konferenzsysteme, Workflow-Managementsysteme, Dokumenten-Managementsysteme
4. Dokumenten-Konferenz
5. Planung, Ausführung und Kontrolle von Arbeitsprozessen
6. Heimarbeit, Satellitenbüro, Nachbarschaftsbüro, Telecenter, Teleservicecenter, mobile Telearbeit
7. Vorteile der Telearbeit:
   - Vereinbarkeit von Familie und Beruf,
   - Berücksichtigung individueller Wünsche von Mitarbeitern,
   - Schaffung neuer Arbeitsplätze in ländlichen/strukturschwachen Gebieten,
   - Beschäftigungsmöglichkeiten für Behinderte,
   - erhöhte Mitarbeitermotivation.

   Nachteile der Telearbeit:
   - Gefahr der sozialen Isolation der Mitarbeiter,
   - Probleme bei der Führung/Kontrolle der Mitarbeiter,
   - datenschutzrechtliche Probleme,
   - hoher organisatorischer Aufwand,
   - hoher technischer Aufwand.

8. Geeignete Tätigkeiten für Telearbeitsplätze sind z.B.: Erfassung und Bearbeitung von Texten, Datenerfassung, Programmierung, Außendiensttätigkeiten, CAD-Bearbeitung, kreative Tätigkeiten (z.B. Layout, Grafikentwicklung), Buchhaltung.

Literaturverzeichnis

[1] Abts, Dietmar; Mülder, Wilhelm: Grundkurs Wirtschaftsinformatik. Verlag Vieweg, Braunschweig/Wiesbaden, 1996

[2] Der Beauftragte für den Datenschutz (Hrsg.): Bundesdatenschutzgesetz – Text und Erläuterung – (BfD – Info 1). 2. Auflage, Bonn 1992.

[3] Die Landesbeauftragte für den Datenschutz Nordrhein-Westfalen (Hrsg.): 20 Jahre Datenschutz – Individualismus oder Gemeinschaftssinn?. Düsseldorf 1998.

[4] Gabler-Wirtschaftsinformatik-Lexikon (hrsg. von Eberhard Stickel). Gabler Verlag, Wiesbaden 1997.

[5] Hansen, Hans Robert: Wirtschaftsinformatik I. Grundlagen betrieblicher Informationsverarbeitung. 7. völlig neu bearbeitete und stark erweiterte Auflage, Lucius & Lucius Verlagsgesellschaft mbH (UTB für Wissenschaft: Uni-Taschenbücher; 802), Stuttgart, 1996.

[6] Kühn, Ulrich; Schläger, Uwe: Datenschutz in vernetzten Computersystemen, Datakontext-Fachverlag, Frechen, 1997.

[7] Lauer, Thomas: Internet. Markt und Technik, Buch- und Softwareverlag, Haar bei München, 1997.

[8] Ministerium für Arbeit, Gesundheit und Soziales des Landes Nordrhein-Westfalen (Hrsg.): Telearbeit, Telekooperation, Teleteaching. Studie zu Akzeptanz, Bedarf, Nachfrage und Qualifizierung. 1997.

[9] Schierbaum, Bruno: Datenschutz – Technische und organisatorische Maßnahmen gemäß § 9 BDSG. In: Management & Krankenhaus. Heft 5/96, S. 18-20.

[10] Schwarze, Jochen: Einführung in die Wirtschaftsinformatik. Verlag Neue Wirtschafts-Briefe, 4. völlig überarbeitete und erweiterte Auflage, Herne;Berlin, 1997.

[11] Stahlknecht, Peter; Hasenkamp, Ulrich: Einführung in die Wirtschaftsinformatik. 8. vollständig überarbeitete und erweiterte Auflage, Springer Verlag, Berlin; Heidelberg, 1997.

[12] Voßbein, Reinhard: Die Organisation der Arbeit des betrieblichen Datenschutzbeauftragten. Datakontext-Fachverlag, Frechen, 1997.

[13] Weiß, Dietmar; Krcmar, Helmut: Workflow-Management: Herkunft und Klassifikation. In: Wirtschaftsinformatik, Heft 5, S. 503-513. Vieweg, Braunschweig/Wiesbaden, 1996.

[14] Wolff, M.-R.: Unternehmenskommunikation – Anwendungen und Potentiale der Internet-Technologie. In: Theorie und Praxis der Wirtschaftsinformatik, Heft 196, S. 8-21. Hüthig, 1997.

Sachwortverzeichnis

D

E

T

U

V

W

Z